管控要点
供电企业作业风险

国网宁夏电力有限公司吴忠供电公司 ◎ 编

企业管理出版社
ENTERPRISE MANAGEMENT PUBLISHING HOUSE

图书在版编目（CIP）数据

供电企业作业风险管控要点 / 国网宁夏电力有限公司吴忠供电公司编. -- 北京：企业管理出版社，2024.10. -- ISBN 978-7-5164-3135-1

Ⅰ．F426.61

中国国家版本馆CIP数据核字第2024H4A320号

书　　名	供电企业作业风险管控要点
书　　号	ISBN 978-7-5164-3135-1
作　　者	国网宁夏电力有限公司吴忠供电公司
责任编辑	张　羿　赵　琳
出版发行	企业管理出版社
经　　销	新华书店
地　　址	北京市海淀区紫竹院南路17号　邮编：100048
网　　址	http://www.emph.cn　　电子信箱：2472217548@qq.com
电　　话	编辑部（010）68416991　发行部（010）68417763
印　　刷	北京亿友数字印刷有限公司
版　　次	2024年10月第1版
印　　次	2024年10月第1次印刷
开　　本	710mm×1000mm　1/16
印　　张	16.25
字　　数	253千字
定　　价	78.00元

版权所有　翻印必究・印装有误　负责调换

本书编审委员会

主　任：马小珍

副主任：王　剑　王宁国

主审人：张　磊　陈盛君　张　亮

主　编

周　玉	孙　瑞	陈志刚	杨　磊	马建忠	王　超	屈绪锋	徐天山
官学祥	陈　昕	秦　涛	王小明	王少杰	虎　俊	高　炜	吴志勇
王学成	贾志飞	金海锋	王东方	刘江涛	扈　毅	马　丁	马　林
李　琦	王　亘	刘　帅	付晨晓	杜迎春	王　景	杜银海	孙　涛
郑五洋	马玉忠	李文冬	王远兴	杨志伟	朱　雷	张鹏程	潘　健
王登擎	雷景瑶	杨长安	李晓双	何鹏飞	陈丹萌	王天琦	田沐阳

前 言

在深入贯彻落实党的二十大精神，在安全生产风险专项整治及加强重点行业、重点领域安全监管的大背景下，国家电网有限公司（以下简称国网公司）在第四届职工代表大会第四次会议暨2024年工作会议上提出强化现场安全管理、聚焦关键时段与重点场所的监管策略。这一策略旨在通过下沉监管重心至基层、严格执行"五级五控"与"三算四验五禁止"等措施，强化现场勘察、风险辨识、方案审查等环节，确保"四个管住"的落实。为夯实安全生产基础，提出了领导干部"两个清单"量化评价及各专业"三管三必须"责任制度；同时，加强全业务核心班组建设，严格分包队伍管理与准入，执行"负面清单"与"黑名单"制度，力求安全生产每个环节都得到有效控制；强化数字化风险管控，增加对作业人员人身安全的防护投入并深化安全文化建设，以提高全体员工的安全意识和技能，使安全理念深入人心、融入日常工作。鉴于上述背景与要求，我们开展了《供电企业作业风险管控要点》的编制工作。

本书结合国网宁夏电力有限公司吴忠供电公司（以下简称国网吴忠供电公司）在输电、变电、配电、基建等领域的实际操作与风险管控经验，针对各专业特点，精心梳理了作业过程中的关键风险点、预控措施、督查要点及常见违章行为。本书不仅详细阐述了风险识别的科学方法、风险管控的有效策略及安全督查的关键要点，更强调实用性与可操作性，力求为从业人员提供简单易懂、易于实施的风险管控指导。

本书共分八大模块，模块1是风险管控基础知识，介绍生产作业风险概念、作业风险管控原则及管控要素、安全督查工作内容；模块2是"四个管住"工作要点，介绍了"四个管住"的内涵，即管住计划、管住队伍、管住人员、管住现场，详细说明了"四个管住"相关管控措施及督查重点；模块3是输电现场作业风险管控，模块4是变电一次检修作业风险管控，模块5是变电二次检修作业风险管控，模块6是变电倒闸操作作业风险管控，模块7是配电现场作业风险管控，模块8是基建现场作业风险管控，分别针对输电、变电、配电、基建四大专业领域，详细介绍了风险管控的相关制度依据，梳理了各专业存在的核心风险点并依次阐述了管控措施及督查重点。通过分专业的详细阐述，本书为读者提供了有针对性的指导和实用性极强的操作指引，便于读者在实际工作中参考和应用。

  本书的编写工作由国网吴忠供电公司专业负责人、安全督查专家、一线从业人员共同参与完成。在编写过程中，各位编者充分发挥自己的专业特长和实践经验，对本书内容进行了深入研讨和修改。此外，本书在编写过程中也得到了许多电力行业专家和学者的支持和帮助，在此，我们向他们表示衷心的感谢。同时，我们也希望广大读者在阅读和使用本书的过程中能够提出宝贵的意见和建议，以便我们不断改进和完善本书的内容和质量。

编者

2024年8月

目 录

模块 1　风险管控基础知识
　　一、电力系统生产作业风险相关概念 003
　　二、作业风险管控原则及作业风险管控要素 004
　　三、安全督查工作内容 015

模块 2　"四个管住"工作要点
　　一、"四个管住"的内涵 021
　　二、"四个管住"管控措施及督查内容 022
　　三、"四个管住"支持体系 034

模块 3　输电现场作业风险管控
　　一、输电现场作业风险管控基础 037
　　二、输电现场作业风险管控要点 049

模块 4　变电一次检修作业风险管控
　　一、变电一次检修作业安全风险管控基础 065
　　二、变电一次检修作业风险管控要点 068

模块 5　变电二次检修作业风险管控
　　一、变电二次检修作业安全风险管控基础 095
　　二、变电二次检修作业风险管控要点 096

模块 6　变电倒闸操作风险管控
　　一、变电倒闸操作安全风险管控基础 117
　　二、变电倒闸操作安全风险管控要点 119

模块 7　配电现场作业风险管控
　　一、配电现场作业安全风险管控基础 133
　　二、配电现场作业风险管控要点 140

模块 8　基建现场作业风险管控
　　一、基建现场作业安全风险管控基础 199
　　二、基建现场作业风险管控要点 201

模块 1

风险管控基础知识

在模块 1 中，我们将学习以下内容：①明确生产作业风险的概念，帮助学习者理解风险在作业过程中的存在形式和潜在影响；②阐述作业风险管控的基本原则，这些原则为制订和实施有效的风险管控策略提供了指导；③介绍作业风险管控的要素，这些要素构成了风险管控的完整流程，确保了从风险发现到风险应对的全方位管理；④着重介绍了安全督查的工作内容，强调了其在确保作业风险得到有效管控中的重要作用。

一、电力系统生产作业风险相关概念

①生产作业。生产作业是指公司系统生产区域内输电、变电、配电等专业的设备检修、试验、维护及改（扩）建项目施工等工作。

②生产作业活动。生产作业活动是指任何有组织、有计划、有目的的生产活动，通过人的行为使电网、设备的状态或结构发生改变，或者使现场环境发生变化。

③生产作业风险。生产作业风险是指在生产作业活动过程中，由于组织不完善、管理不到位、行为不规范、措施不落实等可能引起安全生产事故的风险。

④作业风险类别。根据风险产生的原因和可能导致的安全生产事故（事件）性质，作业风险主要分为电网风险、设备风险、人身风险、网络风险、消防风险、交通风险、政策风险和其他风险几种。

按照安全风险发生的可能性和严重性，将安全风险分为重大风险、较大风险、一般风险 3 个层级，如表 1-1 所示。

表 1-1　作业风险类别

风险类别	各类风险包含内容
重大风险	①可能导致一至三级人身事故的风险 ②可能导致一至四级电网、设备事故的风险 ③可能导致五级信息系统事件的风险 ④可能导致水电站大坝溃决、漫坝、水淹厂房的风险 ⑤可能导致较大及以上火灾事故的风险 ⑥可能导致负同等及以上责任的重大交通事故风险 ⑦其他可能导致对社会及公司造成重大影响事件的风险
较大风险	①可能导致四级人身事故的风险 ②可能导致五至六级电网、设备事件的风险 ③可能导致六级信息系统事件的风险 ④可能导致一般及以上火灾事故的风险 ⑤可能导致负同等及以上责任的一般交通事故风险 ⑥其他可能导致对社会及公司造成较大影响事件的风险
一般风险	①可能导致五级及以下人身事故的风险 ②可能导致七至八级电网、设备、信息系统事件的风险 ③其他可能导致对社会及公司造成影响事件的风险

说明：表 1-1 中涉及的人身、电网、设备和信息系统事件依据《国家电网有限公司安全事故调查规程》(国家电网安监〔2020〕820号) 认定，火灾、交通事故等级依据国家有关规定认定。

二、作业风险管控原则及作业风险管控要素

（一）作业风险管控原则

遵循以人身风险管控为主，按照"全面评估、分级管控"的工作原则，供电企业依托国网安全风险管控监督平台（以下简称平台，含移动 App）对作业涉及的各类风险实施全面、全过程管理。

（二）作业风险管控要素

作业风险管控流程：计划管控、风险评估与定级、风险管控措施编制与审核、风险管控措施督查与公示、作业现场风险管控。

1. 计划管控

（1）计划编制的内容

各单位根据设备状态、电网需求、基建技改及用户工程、保（供）电等实际情况并结合气候特点、承载力、物资供应等因素，统筹协调生产、建设、营销、调度等各专业工作，科学编制作业计划，通过平台对作业计划实施刚性管理。

作业计划的编制严格落实"周安排、日管控"要求，以周为单位进行统筹部署安排，明确周内每日作业内容及其作业风险，按周进行汇总统计和审核发布。其中，每日作业计划信息应包括专业类型、作业内容、作业时间、作业地点、作业人数、风险类型、风险等级、风险因素、作业单位、工作负责人及联系方式等内容。

（2）计划编制的原则

计划编制的原则按照"六优先、九结合"进行，统筹协调生产、建设、营销、调控等各专业工作，综合分析风险管控和作业承载能力，科学编制生产施工作业计划。

"六优先"是指：人身风险隐患优先处理；重要变电站（换流站）隐患优先处理；重要输电线路隐患优先处理；严重设备缺陷优先处理；重要用户设备缺陷优先处理；新设备及重大生产改造工程优先安排。

"九结合"是指：生产检修与基建、技改、用户工程相结合；线路检修与变电检修相结合；二次系统检修与一次系统检修相结合；辅助设备检修与主设备检修相结合；两个及以上单位维护的线路检修相结合；同一停电范围内有关设备检修相结合；低电压等级设备检修与高电压等级设备检修相结合；输、变电设备检修与发电设备检修相结合；用户检修与电网检修相结合。

（3）计划的类型及编制要求

计划分为年度计划、月度检修计划、周工作计划、日工作计划，各类计划的编制要求如表1-2所示。

表 1-2　各类计划的编制要求

计划类型	各类计划的编制要求
年度计划	年度停电检修计划应根据设备状态、电网需求、反事故措施、基建技改及用户工程、重大活动保电要求、季节特点等因素,综合考虑生产检修计划,按照年度计划组织滚动修改季度计划,优化停电方案,确定实施月份,做到必要、全面、可行、合理
月度检修计划	月度检修计划根据年度/季度综合检修计划、设备状态、电网需求、反事故措施、基建技改及用户工程、保(供)电、气候特点、承载力、物资供应等因素组织现场勘察,根据勘察结果编制月度停电检修计划
周工作计划	周工作计划应根据工区月度工作计划、保(供)电、气候条件、临时缺陷编制,落实班组和生产现场到岗(到位)人员
日工作计划	日工作计划应根据周工作计划、紧急缺陷处理合理安排工作任务,严格执行操作票、工作票、开工会制度,强化现场监督和相关人员到岗到位

(4)计划发布

月度作业计划由专业管理部门统一发布;周作业计划应明确发布流程和方式,可利用周安全生产例会、信息系统平台等发布。

信息发布应包括作业时间、电压等级、停电范围、作业内容、作业单位等内容;周作业计划信息发布中还应注明作业地段、专业类型、作业性质、工作票种类、工作负责人及联系方式、现场地址(道路、标志性建筑或村庄名称)、到岗(到位)人员、作业人数、作业车辆等内容。

(5)计划管控要点

作业计划应按照"谁管理、谁负责"的原则实施,各单位应结合平台应用,明确各专业计划管理人员,健全计划编制、审批和发布工作机制,严格计划编审、发布与执行的全过程管控。各类生产施工作业均应纳入计划管控,严禁无计划作业。

作业计划实行刚性管理,审定后的作业计划均应统一在平台内进行发布。已发布的作业计划严禁随意增减,确属特殊情况需追加、调整的,应严格履行本单位计划调整审批手续。

2. 作业准备

作业准备包括现场勘察、风险评估（包含承载力分析等）、"三措"编制、"两票"填写、班前会。

（1）现场勘察

需要现场勘察的典型作业项目如表1-3所示。

表1-3　现场勘察的典型作业项目

专业	现场勘察的典型作业项目
变电	变电站（换流站）主要设备现场解体、返厂检修和改（扩）建项目施工作业
	变电站（换流站）开关柜内一次设备检修和一、二次设备改（扩）建项目施工作业
	变电站（换流站）保护及自动装置更换或改造作业
输电	输电线路（电缆）停电检修（常规清扫等不涉及设备变更的工作除外）、改造项目施工作业
配电	配电线路杆（塔）组立、导线架设、电缆敷设等检修、改造项目施工作业
	新装（更换）配电箱式变电站、开闭所、环网单元、电缆分支箱、变压器、柱上开关等设备作业
公共	带电作业
	涉及多专业、多单位、多班组的大型复杂作业和非本班组管辖范围内的设备检修（施工）作业
	使用吊车、挖掘机等大型机械的作业
	跨越铁路、高速公路、重要输电线路、通航河流等的施工作业
	试验和推广新技术、新工艺、新设备、新材料的作业项目
	工作票签发人或工作负责人认为有必要现场勘察的其他作业项目

1）现场勘察的组织。现场勘察一般由工作票签发人或工作负责人组织。对涉及多专业、多单位的大型复杂作业项目，应由项目主管部门、单位组织相关人员共同参与。承（发）包工程作业涉及停电及近电作业，应由项目主管部门、单位组织，设备运维管理单位和作业单位共同参与。

2）现场勘察的主要内容。

①需要停电的范围：作业中直接触及的电气设备，作业中机具、人员及材料可能触及或接近导致安全距离不能满足《电力安全工作规程》规定距离的电气设备。

②保留的带电部位：邻近、交叉、跨越等不需停电的线路及设备，双电源、自备电源、分布式电源等可能反送电的设备。

③作业现场的条件：装设接地线的位置，人员进出通道，设备、机械搬运通道及摆放地点，地下管沟、隧道、工井等有限空间，地下管线设施走向等。

④作业现场的环境：施工线路跨越铁路、电力线路、公路、河流等环境，作业对周边构筑物、易燃（易爆）设施、通信设施、交通设施产生的影响，作业可能对城区、人口密集区、交通道口、通行道路上人员产生的人身伤害风险等。

⑤需要落实的"反措"及设备遗留缺陷。

（2）作业风险辨识与评估

作业风险辨识及评估定级前，应通过作业任务分析、现场勘察等方式全面了解掌握作业现场条件、环境及作业可能存在的危险点。

1）作业风险辨识。

①开展作业风险辨识：按照"谁安排计划、谁组织辨识"的原则，作业风险的辨识工作由作业管理单位负责组织有关专业管理部门、设备运维管理单位和施工作业单位共同开展，如表1-4所示。

表1-4 风险辨识责任部门

作业类型	风险辨识责任部门
不涉及停电或近电工作的风险辨识	一般应由专业管理部门（业主项目部）组织，施工作业单位（项目部）参加
涉及停电或近电工作的风险辨识	一般由副总师以上负责同志组织，设备运维、调控、营销、建设等相关部门人员及施工作业单位、监理单位人员参加

②作业风险辨识原则。坚持"全员、全过程、全方位、全天候"原则，涵盖生产施工作业的全周期和全要素，从人身、电网、设备、网络信息、客户停电及环境气候等维度全面准确地识别各类风险因素。

以防控人身触电、高处坠落、物体打击、机械伤害、误操作等典型事故风险为重点，从管理类和作业行为两方面分析和识别生产作业活动动态风险。

以防止电网运行方式安排不当，在临时方式、过渡方式、检修方式等特殊方式下由于控制措施不合理，以及外力破坏而造成电网停电的风险。

风险识别和分析应包含存在的影响电网、设备及人身安全因素、危险源点和其他可能影响安全的薄弱环节、需提醒有关部门（单位）注意和重视的事项。

2）风险评估。风险辨识完成后，围绕作业计划，针对作业存在的危险因素，全面开展风险评估定级，评估出危险点及预控措施，编制"三措"、填写"两票"。

风险评估是量化测评某一事件或事务带来的影响或损失的可能程度。风险评估在风险管理中是一个非常关键的环节，它是建立风险库及给出控制风险措施的前提。

①风险评估的组织：风险评估一般由工作票签发人或工作负责人组织。设备改进、革新、试验、科研项目作业，应由作业单位组织开展风险评估。涉及多专业、多单位共同参与的大型复杂作业，应由作业项目主管部门、单位组织开展风险评估。

②风险评估的原则：各级单位应按照"全面评估、准确定级"原则，对辨识出的风险进行分析。

全面评估。应综合考虑各类风险因素，采用选定的评估方法进行风险评估，做到不遗漏风险。针对综合性风险，应由风险管控组织机构召开协调会，充分分析各专业风险，确保风险评估全面。

准确定级。应根据各专业风险分级标准，结合实际业务特点，开展安全风险定级工作，以降低风险发生概率、持续时长、影响范围、损失后果等为目标，准确界定风险等级，不降低风险管控标准。

③风险评估的内容：风险评估应针对触电伤害、高空坠落、物体打击、机械伤害、特殊环境作业、误操作等方面存在的危险因素，全面开展评估。

风险评估出的危险点及预控措施应在"两票""三措"等中予以明确。

3)承载力分析。

①承载力分析的组织：地市公司级单位、县公司级单位应利用月度计划平衡会、周安全生产例会统筹开展所属单位、二级机构承载力分析工作，二级机构应利用周安全生产例会、班组应利用周安全日活动开展作业承载力分析工作，保证作业安排在承载力范围内。

②承载力分析的内容：承载力分析的内容如表1-5所示。

表1-5 承载力分析的内容

承载力分析项目	承载力分析的内容
各单位、二级机构	①可同时派出的班组数量 ②派出班组的作业能力是否满足作业要求 ③多专业、多班组、多现场间工作协调是否满足作业需求
作业班组	①可同时派出的工作组和工作负责人数量。每个作业班组同时开工的作业现场数量不得超过工作负责人数量 ②作业任务难易水平、工作量大小 ③安全防护用品、安全工（器）具、施工机具、车辆等是否满足作业需求 ④作业环境因素（地形地貌、天气等）对工作进度、人员配备及工作状态造成的影响等
作业人员	①作业人员的身体状况、精神状态，以及有无妨碍工作的特殊病症 ②作业人员的技能水平、安全能力。技能水平可根据其岗位角色、是否担任工作负责人、本专业工作年限等综合评定。安全能力应结合《电力安全工作规程》考试成绩、人员违章情况等综合评定

4)风险评估定级。每周定期由单位副总师及以上负责同志主持召开本单位作业风险评估定级会商会议（可与周风险督查会商会议统筹），涉及的相关单位、专业部门人员参加，针对本周作业计划，统筹开展风险评估及定级工作。涉及多专业、多单位的大型复杂作业项目，评估及定级工作应由上一级单位或部门组织开展。作业风险因素辨识、分析、评估及相关单位和专业部门的职责界定如表1-6所示。

表 1-6 作业风险因素辨识、分析和评估，相关单位和专业部门职责界定

负责单位或部门	作业风险因素辨识、分析和评估职责
调控部门	电网类风险因素
施工作业单位	人身、环境类风险因素
运维管理单位	涉及生产场所或近电作业的运维管理单位应全面参与
设备运维管理单位或部门	设备类风险因素由设备运维管理单位或部门负责
数字化部门	网络、信息系统类风险因素由数字化部门负责
营销部门、调控部门	客户停电类风险因素由营销部门负责，调控部门全面参与

作业风险定级应以每日作业计划为单元进行。同一作业计划内包含多个不同等级工作或不同类型的风险时，按就高原则定级。

作业评估定级结果应在作业计划内发布，辨识分析出的危险因素应填入作业文件（包括但不限于工作票、作业票、"三措一案"等）内，作为风险管控措施制订的前提和依据。

遇有国家重大节假日（春节、国庆）、夜间作业等情况宜提高风险等级进行管控。

3. 风险管控措施编制审核

作业风险评估定级完成后，工作负责人根据作业类型、作业内容、现场勘察情况、风险评估定级等内容，制订风险控制措施。

作业风险管控措施应按照"谁负责辨识，谁组织制订"的原则，由相关专业管理部门、单位组织分级策划制订，施工作业单位全过程参与各类风险管控措施制订并负责现场措施的编制和落实。

①电网运行风险管控措施由调控部门负责组织制订。

②人身、环境类风险管控措施由相关专业管理部门（或业主项目部）组织制订，施工作业单位、监理单位参加，涉及生产场所或近电作业的运维管理单位应全面参与。

③设备类风险管控措施由设备运维管理单位或部门组织制订。

④网络、信息系统类风险管控措施由数字化部门负责组织制订。

⑤客户停电类风险管控措施由营销部门负责组织制订，调控部门参与。

风险管控措施中应包含安全风险清单，明确责任单位、责任人员、管控对象、风险等级、持续时间、影响后果、管控要求、到岗（到位）等重点内容。综合性风险应编制专项工作方案，加大管控力度，确保措施制订全面、有效。

风险定级结果及管控措施审核与审批：各级专业部门应按照专业分工，对风险辨识的全面性、风险定级的准确性和管控措施的针对性进行审核，形成审核记录；风险定级结果及管控措施由专业部门审核后，提交本单位领导或上级单位审批，其中重大风险由省公司级单位负责人审批、较大风险由市公司级单位负责人审批、一般风险由县公司级单位负责人审批。

4. 风险公示与风险告知

①风险公示：按照"谁管理、谁公示"原则，地市（县）公司级单位、二级机构以审定的作业计划、风险内容、风险等级、管控措施为依据，每周日前对下周作业计划存在的所有作业风险进行全面公示。

风险公示内容应包括作业内容、作业时间、作业地点、专业类型、风险因素、风险类别、风险等级、作业单位、工作负责人姓名及联系方式、到岗（到位）人员信息等。

地市（县）供电公司级单位作业风险内容一般应由安监部门汇总后在本单位网页公告栏内进行公示；各工区、项目部等二级机构均应在醒目位置张贴作业风险内容。

②风险告知：对作业风险涉及的重要客户、电厂等外部单位，应提前告知风险事由、时段、影响、措施建议等并留存告知记录，以便外部单位提前做好风险防范。

各单位、专业部门、班组应充分利用工作例会、班前会等，逐级组织交待工作任务、作业风险和管控措施，从上至下将"四清楚"（作业任务清楚、作业流程清楚、危险点清楚、安全措施清楚）任务传达到岗、到人。

5. 作业现场风险管控

相关单位、部门应协同配合，从电网运行、设备运维、施工作业、客户保障、环境影响等方面，全面组织落实相应的风险控制措施（包括工作方案和措施的制订、人员组织、资源调配等方面），确保作业全过程风险可控、在控。

(1) 责任部门

现场风险管控的责任部门如表1-7所示。

表1-7　现场风险管控责任部门

责任部门	责权范围
调控部门	涉及电网调控、方式安排、通信等管控措施应由调控部门组织落实
设备运维单位或专业部门	涉及设备运维风险管控措施应由设备运维单位或专业部门组织落实
相关专业管理部门和施工作业单位	涉及作业现场人身或环境风险管控措施应由相关专业管理部门组织落实，施工作业单位全面负责
营销部门	涉及客户保障管控措施应由营销部门组织落实
对应专业管理部门	涉及网络、信息系统等其他风险管控措施由对应专业管理部门组织落实

(2) 现场风险管控措施

现场风险管控措施如表1-8所示。

表1-8　现场风险管控措施

现场风险管控	现场风险管控措施
现场作业开始前（准备工作）	①核实作业必需的工（器）具和个人安全防护用品，确保合格有效 ②核实作业人员是否具备安全准入资格、特种作业人员是否持证上岗、特种设备是否检测合格 ③按要求装设远程视频督查、数字化安全管控智能终端等设备，通过移动作业App与作业计划关联。若现场因信号、作业环境不具备条件的，应及时向上级安全监督管理部门报备 ④工作许可人、工作负责人应共同做好安全措施的布置、检查及确认等工作，必要时进行补充完善，做好相关记录，安全措施布置完成前禁止作业

续表

现场风险管控	现场风险管控措施
现场作业开始前（安全交底）	①工作负责人办理工作许可手续后，组织全体作业人员开展安全交底（工作负责人宣读工作票，交待工作内容、人员分工、带电部位、安全措施和技术措施，进行危险点及安全防范措施告知，抽取作业人员提问无误后，全体作业人员确认签字）并应用移动作业App留存工作许可、安全交底录音或影像等资料 ②工作票（作业票）签发人或工作负责人对有触电危险、施工复杂容易发生事故的作业应增设专责监护人，确定被监护的人员和监护范围，专责监护人不得兼做其他工作 ③严格执行"两票三制"，明确工作内容、工作范围、安全措施、主要风险、防范措施
现场作业过程中	①工作负责人、专责监护人应始终在作业现场，严格执行工作监护和间断、转移等制度，做好现场工作的有序组织和安全监护 ②工作负责人重点抓好作业过程中危险点管控，应用移动作业App检查和记录现场安全措施落实情况 ③领导干部和管理人员到岗（到位），指导现场工作，及时协调和解决现场工作中出现的情况和问题。加强现场监督，及时指出和制止违章行为，执行违章考核
现场工作结束后	工作负责人应配合设备运维管理单位做好验收工作，核实工（器）具、视频监控设备回收情况，清点作业人员，应用移动作业App做好工作终结记录
工作结束后	班组长应组织全体班组人员召开班后会，对作业现场安全管控措施落实及"两票三制"执行情况总结评价，分析不足，表扬遵章守纪行为，批评忽视安全、违章作业等不良现象

（3）现场到岗（到位）管控标准和工作职责

1）现场到岗（到位）管控标准。领导干部现场到岗（到位）督导，从项目组织管控（包括管控组织、在岗管控、部署落实、协调管控）、计划管控（计划安排、风险定级、现场勘察、方案审批）、队伍管控（队伍符实、作业管理、安全承载、装备配置）、人员管控（人员准入、人员资格、持证上岗、风险知晓）、作业实施（"两票"签发、安全交底、安全措施布置、工作组织、文明施工、安全作业）、作业终结（验收总结）等6个环节进行督查。现场到岗（到位）人员要求如表1-9所示。

表 1-9 现场到岗（到位）人员要求

风险作业等级	到岗到位人员要求
三级风险作业	相关地市供电公司级单位或建设管理单位专业管理部门人员、县供电公司级单位、二级机构负责人或专业管理部门人员应到岗（到位）
二级及以上风险作业	相关地市供电公司级单位或建设管理单位副总师及以上领导、专业管理部门负责人或省电力公司级单位专业管理部门人员应到岗（到位）

2）多专业、多单位重大风险现场管控机构主要职责。

①组织机构各成员召开日例会，每日部署落实管控要求，动态分析安全风险执行落实情况，补充完善相关安全管控措施，协调解决实际问题。

②深入施工现场，检查施工方案及风险预控措施，检查现场落实情况。

③检查电网、人身、设备、客户及环境安全风险识别、分析是否准确，以及各相关方安全履责、风险管控措施落实是否到位。

④协调解决相关单位、专业风险防控存在的问题。

⑤及时制止违章作业，督促问题整改。

3）到岗（到位）工作重点。

①检查"两票""三措"执行及现场安全措施落实情况。

②安全工（器）具、个人防护用品使用情况。

③大型机械安全措施落实情况。

④作业人员不安全行为。

⑤文明生产。

三、安全督查工作内容

（一）安全督查的范围

各级强化作业现场安全监督检查，充分发挥安全监督体系和保证体系协同作用，依托各级安全督查中心、安全督查队等对各类作业现场开展"四不两直"督查和远程视频安全督查。现场和远程视频安全督查覆盖范围如表 1-10 所示。

表 1-10　现场和远程视频安全督查覆盖范围

单位级别	督查覆盖范围
省电力公司级单位	应对所辖范围内的重大风险作业现场及相关管控措施落实情况开展全覆盖督查
地市供电公司级单位	应对所辖范围内的较大及以上风险作业现场和相关管控措施落实情况开展全覆盖督查
县供电公司级单位	对所辖范围内的全部作业现场及相关管控措施落实情况开展督查

（二）安全督查工作流程

1. 工作流程

各级安监部门应用安全生产风险管控平台（移动作业 App），利用现场督查和远程监控互为补充的督查方式，对督查计划、现场及远程督查、违章查纠、通报整改、整改备案进行全流程管理安全督查工作。安全督查工作要点如表 1-11 所示。

表 1-11　安全督查工作要点

督查工作流程	工作要点
督查准备	现场安全督查计划按照"周计划、日安排"原则执行 ①各级安监部门：根据作业风险分级管控、季节特点、各类安全专项检查等工作，统筹各级督查队人员承载力，对现场安全督查周计划提出指导意见 ②各级安全督查队：在安全生产风险管控平台（以下简称风控平台）中，根据周作业计划，按照各级安监部门的指导意见，制订现场安全督查周计划。根据现场安全督查周计划，在风控平台中分解现场安全督查日计划并派发至督查人员 ③安全督查人员：收到督查任务后，根据督查工作类型，熟悉作业计划、作业风险点、作业人数、施工（检修）方案、现场督查要点等，确定现场督查关键环节和检查重点，在风控平台移动 App 中制订现场督查标准；提前准备好督查车辆、安全督查证书、移动作业终端、执法记录仪、安全帽、工作服、安全规程及标准、风速仪、温湿度仪、望远镜、气体检测仪等督查装备和必要的应急医疗药品

续表

督查工作流程	工作要点
现场督查	安全督查人员到达现场后，开启执法记录仪，向现场人员出示督查证，亮明身份，同时在移动作业App中签到。对照现场督查标准，采用"考、问、查、看"的方式逐条开展现场安全督查 　　督查工作总结：现场督查结束后，在风控平台移动App中签退，汇总现场曝光的违章情况，编写当日督查总结
违章处置	督查过程中发现违章，应立即予以制止、纠正并按照违章处理流程进行处置。对严重违章或存在重大安全隐患的现场，督查人员有权责令现场立即停工
督查要求	现场安全督查严格执行"四不两直"要求，督查人员应通过"自行租用或自带车辆、自行安排食宿、提前查寻作业点"的方式，对工作现场开展安全督查工作，不得向被督查单位泄露检查时间和地点，确保督查工作实效

2. 督查报告撰写

现场督查结束后，在风险监督平台（移动App）中签退，汇总现场曝光的违章情况，编写当日督查日报。

3. 整改措施跟踪与复查

①通报整改：现场督查完成后，安全督查队针对有必要反馈整改情况的违章编制《违章整改通知单》，明确整改要求和反馈时限，经本单位安监部审核后下发至责任单位并抄送相关专业管理部门。《违章整改通知单》的审核、下发、整改反馈等流程应纳入平台进行管控。

②整改备案：相关责任单位收到《违章整改通知单》后，应立即组织研究、制订整改措施，在规定时限内将《违章整改反馈单》反馈安全督查队。安全督查队可视情况采取现场检查、随机抽查等方式核实整改情况。对于特别严重的违章，必须由安监部门组织相关专业管理部门进行专项验收。

（三）安全督查工作重点内容

安全督查工作重点包含计划管理、风险识别、评估定级、管控措施制订、作业风险管控督查例会、风险公示告知等方面，如下所述。

①检查作业内容是否与作业计划一致，是否存在无计划作业或超范围作业情况。

②检查现场勘察记录、"三措"、工作票等作业资料是否齐备、正确，保障安全的组织、技术措施是否规范执行。

③检查作业单位、人员安全准入情况，是否与工作票所列人员相符。

④检查作业现场安全工（器）具、特种设备等机具装备进场报审等情况，是否按周期试验并正确使用。

⑤检查"三种人"、到岗（到位）人员安全履责情况。

⑥检查作业现场安全风险管控情况，是否存在风险辨识和管控不到位的情况。

⑦检查现场作业人员安全文明施工、安全要求执行落实的情况。

模块 2

"四个管住"工作要点

模块2 "四个管住"工作要点

在模块2中，我们将学习以下内容。①介绍"四个管住"这一关键管理策略的内涵。所谓"四个管住"，即要求我们在工作中严格把控四大核心环节：计划、队伍、人员和现场。这不仅是一种管理方法，更是一种全面、系统的安全监管理念。②解析"四个管住"涉及的管控措施及督查重点，不仅涵盖了作业流程的各个环节，也涉及到了作业管理的各个方面。通过严格执行"四个管住"，全面提升作业安全水平，有效防范和减少事故的发生。

一、"四个管住"的内涵

"四个管住"即"管住计划、管住队伍、管住人员、管住现场"，其四大要素（计划、队伍、人员、现场）彼此联系、相互融合，计划是作业风险管控的源头，队伍是保障现场作业安全的基础，人员是作业风险管控措施落实的关键，现场是风险管控和安全措施聚焦的核心。"四个管住"就是紧紧围绕这四大要素，综合运用管理和技术手段，在关键环节协同发力、严格管控，切实规范施工作业组织管理，实现作业风险全过程可控、能控、在控。

（一）管住计划是源头

计划管理是建立和维持良好生产作业秩序的前提，各级管理者根据任务进展、作业风险情况，科学组织施工、管理等资源力量投入，针对性部署安全防范措施，实现对作业风险的有效防控。管住计划就是要求各级管理人员抓牢作业计划这一龙头，通过严格的计划管控，做到对作业组织管理的超前谋划、超前准备，强化作业计划编制、审批管理，准确辨识、评估作业风险，合理制订风险控制措施，实现风险的超前预防和事故防范关口前移，为管住队伍、管住人员、管住现场提供管理和资源的源头保障。

（二）管住队伍是基础

队伍是作业组织实施的载体，技术技能水平高、安全履责能力强的队伍是保障现场作业安全有序组织实施的基础。管住队伍就是充分运用法治化和市场化手段，通过建立公平、公正、公开的安全准入和退出机制，对施工队伍实行作业全过程安全资信评价，全面实施"负面清单""黑名单"管控，对安全记录不良的队伍采取停工、停标等处理措施，把真正懂管理、有技术、有能力的队伍留在作业现场，为管住现场提供基础保障。

（三）管住人员是关键

人是现场作业和管控措施执行的主体，也是作业风险管控中最关键的因素。管住人员就是通过建立完善的人员安全准入、评价、奖惩、退出等制度规范体系，对各类作业人员实施严格的安全准入考试、违章记分管控和安全激励约束，强化全方位、全过程的监督管理，以安全制度规范人、用监督管控约束人、拿安全绩效引导人，做到知、信、行合一，切实增强作业人员主动安全的意识和能力，为管住现场提供关键保障。

（四）管住现场是核心

现场是队伍、人员、物资等生产要素和计划、组织、实施等管理行为动态交汇的场所，也是作业风险管控的落脚点。管住现场就是在管住计划、管住人员、管住队伍的基础上，通过发挥专业保证和监督体系协同管控作用，强化作业现场技术管控，提升标准化、机械化作业能力；依托安全生产风险管控平台和各级安全管控中心，应用数字化智能管控手段，强化对作业现场的全过程、全覆盖监督管控，确保管控措施有效落实。

二、"四个管住"管控措施及督查内容

（一）管住计划

管住计划的相关风险点、管控措施、督查重点、典型违章及相关制度如表 2-1 所示。

模块 2 "四个管住"工作要点

表 2-1 管住计划工作要点

风险点	管控措施	督查重点	典型违章	相关制度
计划遗漏	严格执行"月计划、周安排、日管控"制度，计划编制环节考虑周全，坚决杜绝无计划作业	①查计划编制。查现场实际作业内容与月、周、日作业票所列工作内容是否一致，查计划是否合理 ②查计划执行。查计划刚性执行，现场实际作业时间是否在计划管控区间内。临时性检修未纳入日管控变更是否履行相应手续	无日计划作业，或实际作业内容与日计划不符	《国家电网公司生产作业安全管控标准化工作规范（试行）》（国家电网安质[2016]356号）《国家电网有限公司作业风险管控工作规定》（国家电网企管[2023]55号）《国网安委办关于推进"四个管住"工作的指导意见》（国网安委办[2020]23号）
重复停电	按照"六优先、九结合"，统筹协调生产、建设、营销、调控等各专业工作，合理安排计划，避免重复操作和检修导致的风险增加，造成现场作业量过大等现象发生			
时期不当	避免重要节日、保电、特殊气候，迎峰度夏（冬）、高峰时段安排检修，导致电网运行方式薄弱或作业环境恶劣			
电网运行风险	计划安排不合理造成电网运行方式存在薄弱环节，在运设备运行环境差，发（输、供）电能力不足，系统稳定性大幅降低等			
计划未严格执行	将各类作业计划纳入管控范围，严格执行，已发布的作业计划严禁随意增减。确属特殊情况需追加、调整的，应严格履行本单位计划调整审批手续			

023

（二）管住队伍

①队伍准入。依托安全生产风险管控平台，建立、健全作业队伍安全资信数据库，在进场前对外部施工队伍实施安全资信审核、准入、报备管理，对外包队伍开展常态化考察，把好队伍安全准入关。积极推进送（变）电、省管产业单位等施工类企业核心分包队伍培育，择优选择参建队伍，严防资质挂靠，严禁资质不全、资信不良队伍入网作业，严禁超承载力承接工程，严肃整治违章指挥、私自作业。

②动态评价。严格落实工程建管单位、项目管理单位责任，强化安全监督检查，及时曝光处置作业队伍的不安全行为。应用安全生产风险管控平台开展作业单位相关安全事件、违章统计，对作业队伍安全管理能力实施动态评价并在省（市）公司级单位范围内实现评价记录互通，督促作业队伍切实履行安全主体责任、加大安全投入、提高安全管控能力。

③考核退出。建立、健全"约谈""说清楚"等过程的管控制度，依据违章记分、安全记录等评价结果，对作业队伍安全管控情况进行动态纠偏。全面实施"负面清单"和"黑名单"管控，对发生安全事故、安全管理混乱的外包队伍及其项目负责人严格落实停工、停招标等失信惩治措施，坚决剔除安全管理不合格、不满足要求的施工单位，倒逼施工作业单位从源头侧强化安全管理。

④管住队伍的相关风险点、管控措施、督查重点、典型违章及相关制度如表2-2所示。

模块 2　"四个管住"工作要点

表 2-2　管住队伍工作要点

风险点	管控措施	督查重点	典型违章	相关制度
关键岗位人员配置不足	按项目设置业主、监理、施工项目部，明确项目管理安全职责，依规配置项目部关键人员负责现场管理	查 3 个项目部机构设置。查人员配置是否齐全、人员资质是否符合要求、是否签订岗位责任清单、是否履责到位	施工总承包单位或专业承包单位未派驻项目负责人、技术负责人、质量管理负责人、安全管理负责人等主要管理人员	《国家电网有限公司业主项目部标准化管理手册》《国家电网有限公司监理项目部标准化管理手册》《国家电网有限公司 10（20）千伏及以下配电网工程施工项目部标准化管理手册》《国家电网有限公司 10（20）千伏及以下配电网工程监理项目部标准化管理手册》《国家电网有限公司 10（20）千伏及以下配电网工程业主项目部标准化管理手册》
队伍安全资质不满足作业要求	①作业前，外部队伍应报备安全资信（企业资质、业务资质、安全生产许可证等）和法定代表人、项目负责人（项目经理）、企业及项目专（兼）职安全管理人员的安全资信（身份证、社保缴纳证明、资格证书类型及编号、联系方式等	①查队伍准入。查现场作业队伍是否在"黑名单""负面清单"有效期内。基建施工，检查分包队伍是否在核心分包队伍名单内 ②查队伍资质。查现场作业队伍的企业资质、业务资质、安全资质与承揽业务是否相符，是否规范签订分包合同、安全协议	承、发包双方未依法签订安全协议，发包双方应承担的安全责任不明确	《国家电网有限公司业务外包安全监督管理办法》（国家电网企管〔2023〕55 号）《国家电网有限公司输（变）电工程施工分包安全管理办法》

025

续表

风险点	管控措施	督查重点	典型违章	相关制度
队伍安全资质不满足作业要求	②配置作业层班组，开展标准化建设	①查作业层班组。基建，查作业层班组标准化建设是否符合要求，班组配置是否满足施工需要，骨干人员是否到位 ②查身份核实。查现场作业人员是否为作业队伍所属人员	未实施人员实名制管理或持证上岗	《国家电网有限公司关于全面推进输变电工程施工班组标准化建设的通知》（国家电网基建〔2019〕517号） 《国家电网公司业务外包安全监督管理办法》（国家电网企管〔2023〕55号）
分包管理不规范	①依法签订承包合同及安全协议。具体规定各自应承担的安全责任和评价考核条款，明确及承包单位项目负责人、项目专（兼）职安全生产管理人员等基本信息 ②禁止承包单位将违法分包，工程或关键性工作进行分包，劳务外包或劳务分包的承包合同应明确承包单位自行完成劳务作业，承包单位不得再次分包或分包 ③承包合同及安全协议与承包单位必须由发包单位法定代表人或其授权委托人（提供授权委托书）签订	作业前核查外包队伍的资质、合同、协议，分包合规情况、核查队伍资质与承揽工程相符情况	①合同约定由承包单位负责主要建筑材料、施工设备或设备、工程设备租赁的施工机械设备，由其他单位或个人采购、租赁 ②施工方案由劳务分包单位编制 ③劳务分包自备或自备施工机械设备或安全工（器）具	《国家电网有限公司输（变）电工程建设安全管理规定》（国家电网企管〔2021〕89号） 《国家电网有限公司业务外包安全监督管理办法》（国家电网企管〔2023〕55号）

（三）管住人员

①人员准入。依托安全生产风险管控平台等信息系统，动态建立作业人员名册，全面实行实名制管理。在进场作业前，对所有作业人员严格实施安全准入考试、资格能力审查，开展安全、技能"双准入"，坚决防止安全意识不强、安全记录不良、能力不足的人员进入施工现场，严防作业人员盲目作业。

②安全培训。分层、分级、分专业、分岗位实施安全技能等级认证，狠抓"三种人"等关键人员能力素质提升。制作事故警示和标准化作业示范视频短片，应用在线培训、现场培训和体验式培训等手段，强化进场作业人员规程规范、施工技术、施工机具和安全工（器）具使用、事故应急处置等的培训，切实增强安全作业能力。

③动态管控。动态开展现场作业人员资质、证照核查，推行人员违章记分，实施全员安全资信记录和人员安全"负面清单"管控，将安全记录与员工绩效考核、外包人员安全资信评价挂钩，将作业水平低、反复违章、安全素质能力严重不足的作业人员及时清理出场。

④考核奖惩。健全安全生产激励约束和人员退出机制，在深入开展现场安全督查的基础上，以现场反违章工作为抓手，建立违章及时曝光和记分机制，依据人员违章记分情况，实施"负面清单"管控，严格执行停工学习、约谈、"说清楚"、重新准入等惩戒措施。开展"无违章个人"评选机制，合理设置专项奖励，重点向基层一线人员、承担高风险作业的人员倾斜。

⑤管住人员的相关风险点、管控措施、督查重点、典型违章及相关制度如表2-3所示。

表 2-3 管住人员工作要点

风险点	管控措施	审查重点	典型违章	相关制度
人员未经安全准入	作业前开展安全教育培训，经考试合格方可进场，系统上传培训记录、体检报告等	查现场作业人员（含主业人员、省管产业人员、分包人员、厂家配合人员）是否经安全准入考试或考试是否合格	①现场作业人员未经安全准入考试或考试不合格②新进、转岗和离岗3个月以上的电气作业人员，未经专门安全教育培训且未经考试合格上岗	《国家电网有限公司安全准入工作规范（试行）》《国家电网有限公司业务外包安全监督管理办法》（国家电网企管〔2023〕55号）
人员安全素质不过关	人员安排要开展班组承载力分析，合理安排作业力量。工作负责人胜任工作任务，作业人员技能符合工作需要，管理人员到岗（到位）	查检修或施工作业负责人是否掌握本班组人员、作业计划、现场各作业点的作业情况	①工作负责人（作业负责人）、专责监护人不在现场，或者劳务分包人员担任工作负责人（作业负责人）②作业人员不清楚工作任务、危险点③不具备"三种人"资格的人员担任工作票签发人、工作负责人或许可人	《国家电网公司电力安全工作规程：变电部分》（Q/GDW 1799.1-2013）《国家电网公司电力安全工作规程：线路部分》（Q/GDW 1799.2-2013）《国家电网有限公司关于全面推进输变电工程施工作业层班组标准化建设的通知》（国家电网基建〔2019〕517号）《国家电网公司电力建设安全工作规程》
特种作业人员等未持证上岗	依法取得特种设备作业、特种作业资格证书并按期复审	查特种作业人员是否具有有效的资格证书	特种设备作业人员、特种作业人员、危险化学品从业人员未依法取得资格证书	《国家电网公司生产作业安全管控标准化工作规范》（国家电网安质〔2016〕356号）《国家电网公司电力建设安全工作规程》

028

（四）管住现场

①作业管控。施工作业队伍、班组加强工作组织、措施落实和过程管理，严格执行生产现场作业"十不干"要求和"三措一案""两票"等安全规范，规范实施标准化作业流程，严格进场施工设备、机具管理，强化倒闸操作、安全措施布置、许可开工、安全交底、现场施工、作业监护、验收及工作终结全过程管控。

②到岗（到位）。严格作业风险分级管控工作要求，建立、健全生产作业到岗（到位）管理制度，明确到岗（到位）标准和工作内容。各级领导干部和管理人员，按照"管业务必须管安全"的原则，常态开展作业现场检查，督促作业人员落实安全责任，严格执行各项安全管控措施。

③现场督查。健全上级对下级检查、同级安全监督体系对安全保证体系督促的工作机制，发挥安全保证体系和安全监督体系共同作用，充分运用"四不两直""远程＋现场"等督查方式，强化现场安全督查，严肃查纠、曝光、考核各类违章行为。完善违章考核激励约束机制，积极开展"无违章班组""无违章员工"创建活动，鼓励违章自查自纠。

④智能管控。汲取事故教训，有针对性地开展施工机具、安全工（器）具研发，加大作业现场机械替代力度。加强人工智能、边缘计算、区块链、大数据等新技术的推广应用，推进数字化工作票（施工作业票）、违章智能识别、风险全景感知等技术落地，持续为安全管理工作赋智、赋能。

⑤管住现场的相关风险点、管控措施、督查重点、典型违章及相关制度如表2-4所示。

表 2-4　管控现场工作要点

风险点	管控措施	督查重点	典型违章	相关制度
任务安排不合理，项目把控不力	各类现场标准化作业，做好工作准备（现场勘察、风险评估、承载力分析、"三措"编制、"两票"填写、班前会），安全有序作业	查是否开展标准化作业，现场是否组织有序，工作负责人是否履行安全交底手续，查工作班成员是否签字	①超出作业范围，未经审批 ②未经工作许可（包括在客户侧工作时，未获客户许可），即开始工作 ③将高风险作业定级为低风险作业	《国家电网公司生产作业安全管控标准化工作规范（试行）》（国家电网安质〔2016〕356号）
个人防护不充分，着装不规范	全体作业人员正确佩戴、使用劳动防护用品	查作业人员安全帽、工作服、绝缘鞋等是否合格且是否正确穿戴	作业人员进入作业现场未正确佩戴安全帽，未穿全棉长袖工作服及绝缘鞋	《国家电网规程：变电部分》（Q/GDW 1799.1—2013）《国家电网公司电力安全工作规程：线路部分》（Q/GDW1799.2—2013）
"两票"执行不规范	严格执行工作票（作业票）、操作票制度，操办理工作票（作业票）、操作票填写规范，所列安全措施是否满足要求。查现场所做的安全措施与工作票（作业票）一致。查"双签发"的工作票执行情况。检查工作票（作业票）人员签字情况	查工作票（作业票）、操作票的执行情况。查工作票（作业票）、操作票填写是否完整、规范，所列安全措施是否满足要求。查现场所做的安全措施与工作票（作业票）一致。查执行"双签发"的工作票是否按现场实际情况执行。检查工作票（作业票）人员签字情况	①无票（包括作业票、工作票等）工作、操作票，无令操作 ②同一工作负责人同时执行多张工作票 ③票面上设备双重名称或名称及编号不唯一、不正确，不清晰 ④票面（包括作业票、工作票、动火票等）缺少工作负责人、工作班签字等关键内容	《国家电网规程：变电部分》（Q/GDW 1799.1—2013）《国家电网公司电力安全工作规程：线路部分》（Q/GDW1799.2—2013）《国家工作规程》《国家电网有限公司电力建设安全工作规程第8部分：配电部分》（国家电网企管〔2023〕71号）

续表

风险点	管控措施	督查重点	典型违章	相关制度
方案措施不全面，执行不规范	①作业单位根据现场勘察结果和风险评估内容编制"三措"。对涉及多专业、多单位的大型复杂作业项目，应由项目主管部门、单位组织相关人员编制"三措" ②"三措"内容包括任务类别、时间、概况，进度，需停电的范围，保留带电部位及组织措施、技术措施和安全措施	查"三措"。查"三措"、施工方案是否涵盖现场作业要求，施工方案内容及安全要求、规范、编制、审批是否是否进行了专家论证，管控措施是否在现场严格执行	①重要工序，关键环节作业未按施工方案或规定规程开展作业 ②作业人员未经批准擅自改变已设置的安全措施 ③未组织编制专项施工方案（含安全技术措施），未按规定进行论证、审核、审批，交底及现场监督落实施等 ④检修方案的编制，审批时间与现场勘察时间，检修方案内容与现场实际不一致	《国家电网公司生产作业安全管控标准化工作规范（试行）》（国家电网安质[2016]356号） 《国家电网公司电力建设安全工作规程》
人员安排不合适，安全监护不足	有触电危险，施工复杂容易发生事故等作业的增设专责监护人，确定被监护的体情况和监护范围，专责监护人员和监护范围、始终在工作现场，人应佩戴明显标识，及时纠正不安全的行为	查作业监护。查是否根据现场的安全条件，施工范围等情况增设专责监护人。查监护人员是否到位，安全责任是否落实到位	倒闸操作前不核对设备名称，编号、位置，不执行监护复诵制度或操作时漏项、跳项	《国家电网公司电力安全工作规程：变电部分》（Q/GDW 1799.1-2013）《国家电网公司电力安全工作规程：线路部分》（Q/GDW1799.2-2013） 《国家电网有限公司电力建设安全工作规程》
	各级单位应根据作业风险等级严格到岗到位履责，落实到岗（到位）要求	查到岗（到位）。查到岗（到位）人员姓名、职务与要求是否一致，是否到位履责	三级及以上风险作业管理人员（含监理人员）未到岗（到位）进行管控	《国家电网有限公司作业风险预警管控工作规范（试行）》（安监二[2019]60号） 《国家电网有限公司关于进一步加强生产现场风险管控工作的通知》（国家电网设备[2022]89号）

续表

风险点	管控措施	督查重点	典型违章	相关制度
现场安全措施布置不到位，安全工（器）具、施工工（器）具未检测	现场检查，检测安全工（器）具、施工机具、作业机械是否合格	查安全工（器）具和施工（器）具使用是否规范，外观及检验是否合格。查电动工（器）具外壳是否完好，电源线是否接地，是否满足"一机一闸一保护"等。查特种车辆及特种设备是否检测、检验	①安全工（器）具：使用达到报废标准的或超出检验期的安全工（器）具；个人保安接地线代替工作接地线使用 ②施工机具：绞磨、卷扬机放置不稳，锚固人员位于锚桩前面或拉磨尾绳人员站在绳圈内；施工机具超负荷使用；使用起重机利用吊钩上吊物上站人、作业人员利用吊钩上升或下降；链条葫芦、手扳葫芦、吊钩式滑车等装置的吊钩无防止脱钩的保险装置；吊钩未安装限位器	《国家电网公司电力安全工作规程：变电部分》（Q/GDW1799.1-2013）《国家电网公司电力安全工作规程：线路部分》（Q/GDW1799.2-2013）《国家电网有限公司电力建设安全工作规程》
现场视频监控不规范	现场检查视频监控设备使用情况	查视频监控。查现场视频监控设备使用是否规范，是否覆盖全部作业点，是否应用风险管控移动作业App	作业现场未布设与安全风险管控督查平台作业计划绑定的视频监控设备，或者视频监控设备未开机、未拍摄现场作业内容	《国家电网有限公司作业风险管控规定》（国家电网企管〔2023〕55号）

032

续表

风险点	管控措施	督查重点	典型违章	相关制度
现场消防设施不到位	变电站配置消防器材及设有各种标识	查消防设施。查现场、施工项目部驻地仓库、办公区、生活区等消防设施是否按要求设置,防火重点部位是否有警示标识,消防器材配备是否充足	生产和施工场所未按规定配备消防器材或配备不合格的消防器材	《电力设备典型消防规程》《国家电网有限公司电力建设安全工作规程》
现场安全设施不到位	现场检查,严格执行安全规程,严格进行现场安全监督,不走错间隔,不误登杆(塔),不擅自扩大工作范围	查安全设施、文明生产。查现场布置及各类安全标志、设备标志、安全警示线、安全防护设施等是否规范	作业人员擅自穿越、跨越安全围栏、安全警戒线,未按规定设置围栏或悬挂标示牌等	《国家电网公司电力安全工作规程:变电部分》(Q/GDW 1799.1—2013)《国家电网公司电力安全工作规程:线路部分》(Q/GDW1799.2—2013)《国家电网有限公司输(变)电工程安全文明施工标准化管理办法》

033

三、"四个管住"支持体系

①安全制度体系建设。安全保证体系和安全监督体系协同配合,围绕"四个管住"工作内容,健全、完善安全生产规章制度、工作规程、技术标准和实施细则,规范作业计划、队伍、人员和现场管控,为"四个管住"落地提供制度保障。

②安全督查队伍建设。组建省、市、县三级安全督查队伍,配齐、配足专(兼)职督查人员和督查装备,通过"四不两直"督查、远程视频督查、区域互查、专项检查等方式,对作业现场实施全面、全员、全过程、全方位监督。开展安全督查人员业务培训,提高履责意识和督查质效。

③安全管控中心建设。建成省、市、县三级安全管控中心,规范值班、交接班、会商等日常管理工作,配齐、配足监控人员,常态化开展远程视频督查,充分发挥安全管控中心的作用,对各类作业现场实施全覆盖督查。

④风险管控平台建设。深化安全生产风险管控平台建设应用,加快安全监督力量与风控平台功能深度融合,全面支撑作业风险管控,实现作业现场督查全覆盖、作业计划全覆盖、作业队伍人员全覆盖。

⑤视频监控终端配置。加大视频监控终端配置,丰富终端类型及其组合方式,规范监控终端保管、调拨、使用、维护、网络安全等日常管理工作,优化视频接入、存储、共享模式,保证作业现场视频监控"全覆盖"、大型复杂现场全程监控"无死角"。

⑥数字化安全管控智能终端应用。研发主动感知型智能安全工(器)具,加快推进数字化工作票建设,结合风控平台、移动作业终端、边缘计算装置、智能穿戴装备,强化作业全过程、全要素管控。建立典型违章样本库,设计违章智能识别算法,有效纠查违章行为。

模块 3

输电现场作业风险管控

在模块 3 中，我们将学习以下内容：①制度依据，介绍输电现场作业风险管控的制度依据，为输电作业提供标准化的管理流程和操作规范；②输电现场作业风险，着重介绍输电现场作业风险分级及检修工序风险库；③输电现场作业安全风险管控要点，聚焦不同作业类别，阐述了风险点、风险等级、管控措施、督查重点、典型违章等内容。

一、输电现场作业风险管控基础

（一）制度依据

①《国家电网公司电力安全工作规程：线路部分》（Q/GDW1799.2–2013）。

②《国家电网公司生产作业安全管控标准化工作规范（试行）》（国家电网安质〔2016〕356 号）。

③《国家电网有限公司关于进一步加强生产现场作业风险管控工作的通知》（国家电网设备〔2022〕89 号）。

④《国网设备部关于进一步强化生产现场作业风险防控的通知》（设备技术（2022）75 号）。

⑤《国家电网有限公司关于进一步规范和明确反违章工作有关事项的通知》（国家电网安监〔2023〕234 号）。

⑥输电线路现场作业保障人身安全 36 条重点措施。

（二）输电作业安全风险分类

1. 作业风险分级

作业风险分级按照设备电压等级、作业范围、作业内容对检修作业进行分类，突出人身风险，综合考虑设备重要程度、运维操作风险、作业管控难度、工艺技术难度，确定各类作业的风险等级（Ⅰ～Ⅴ级，分别对应高风险、中高风险、中风险、中低风险、低风险，如表3-1所示），形成作业风险分级表，用于指导作业全流程差异化管控措施的制订。各单位可根据作业环境、作业内容、气象条件等实际情况，对可能造成人身、电网、设备事故的现场作业（如上方高跨线带电的设备吊装；重要用户供电设备检修，包括电厂；涉及旁路代操作的检修；恶劣天气时的检修；等等）进行提级。同类作业对应的故障抢修，其风险等级提级。

表3-1 作业的风险等级

作业风险等级	对应风险等级概念
Ⅰ级风险（极高风险）	是指作业过程存在极高的安全风险，即使加以控制仍可能发生群死群伤事故，或五级电网事件的施工作业。Ⅰ级风险乃计算所得数值，实际作业必须通过改变作业组织或采取特殊手段将风险等级降为Ⅱ级以下风险，否则不得作业
Ⅱ级风险（高度风险）	是指作业过程存在很高的安全风险，不加控制容易发生人身死亡事故，或者可能发生六级电网事件的施工作业
Ⅲ级风险（显著风险）	是指作业过程存在较高的安全风险，不加控制可能发生人身重伤或死亡事故，或者可能发生七级电网事件的施工作业
Ⅳ级风险（一般风险）	是指作业过程存在一定的安全风险，不加控制可能发生人身轻伤事故的施工作业
Ⅴ级风险（稍有风险）	是指作业过程存在较低的安全风险，不加控制可能发生轻伤及以下事件的施工作业

2. 检修工序风险库

按照设备现场检修流程提炼关键工序，综合考虑人身风险、工艺技术难度，确定每个关键工序的风险等级（高风险、中风险、低风险），有针对性制订风险防范措施和工艺管控措施，形成检修工序风险库（见表3-2），用于指导检修方案的编制和关键环节的管控，便于按日统计作业风险及动态调整管控措施。

表 3-2 检修工序风险库

序号	设备电压等级	作业类型	作业内容	风险因素评级	综合评级
1	±800（1000、±1100）kV	A/B类检修	杆（塔）组立（拆除）、更换导地线（光缆）作业	人身安全风险：一级 安全管控难度：一级 工艺技术难度：一级	Ⅰ级
2	±800（1000、±1100）kV	B类检修	当日作业人员达（含）100人或作业范围达（含）30基塔的作业（不涉及铁塔组立或拆除和更换导地线）	人身安全风险：二级 安全管控难度：一级 工艺技术难度：二级	Ⅱ级
3	±800（1000、±1100）kV	B类检修	当日作业人员未达100人且作业范围未达30基塔的作业（不涉及铁塔组立或拆除和更换导地线）	人身安全风险：三级 安全管控难度：三级 工艺技术难度：二级	Ⅲ级
4	±800（1000、±1100）kV	C类检修	当日作业人员达（含）100人以上或作业范围超过（含）30基塔的作业	人身安全风险：三级 安全管控难度：一级 工艺技术难度：三级	Ⅱ级
5	±800（1000、±1100）kV	C类检修	当日作业人员未达100人且作业范围未达30基塔的作业	人身安全风险：三级 安全管控难度：二级 工艺技术难度：三级	Ⅲ级
6	±800（1000、±1100）kV	D类检修	当日作业人员达（含）100人以上或作业范围超过（含）30基塔的登高作业	人身安全风险：三级 安全管控难度：一级 工艺技术难度：三级	Ⅱ级
7	±800（1000、±1100）kV	D类检修	当日作业人员未达100人且作业范围未达30基塔的登高作业	人身安全风险：三级 安全管控难度：二级 工艺技术难度：三级	Ⅲ级
8	±800（1000、±1100）kV	D类检修	当日作业人员达（含）100人以上或作业范围超过（含）30基塔的不登高作业	人身安全风险：五级 安全管控难度：一级 工艺技术难度：三级	Ⅳ级
9	±800（1000、±1100）kV	D类检修	当日作业人员未达100人且作业范围未达30基塔的不登高作业	人身安全风险：五级 安全管控难度：二级 工艺技术难度：三级	Ⅳ级
10	±800（1000、±1100）kV	E类检修	等电位更换耐张绝缘子串或新工艺首次应用	人身安全风险：一级 安全管控难度：二级 工艺技术难度：一级	Ⅰ级

续表

序号	设备电压等级	作业类型	作业内容	风险因素评级	综合评级
11	±800（1000、±1100）kV	E类检修	等电位更换悬垂串，中间电位更换耐张单片绝缘子	人身安全风险：二级 安全管控难度：四级 工艺技术难度：二级	Ⅱ级
12	500kV及以上	/	500kV及以上电网"新技术、新工艺、新设备、新材料"应用的首次作业	/	Ⅱ级
13	500（±400、±500、±660）kV、750kV	A/B类检修	当日作业人员达（含）100人以上或作业范围超过（含）30基塔的杆（塔）组立（拆除）、更换导地线或架空光缆作业	人身安全风险：一级 安全管控难度：一级 工艺技术难度：二级	Ⅰ级
14	500（±400、±500、±660）kV、750kV	A/B类检修	当日作业人员未达100人且作业范围未达30基塔的杆（塔）组立（拆除）、更换导地线或架空光缆作业	人身安全风险：一级 安全管控难度：二级 工艺技术难度：二级	Ⅱ级
15	500（±400、±500、±660）kV、750kV	B类检修	当日作业人员达（含）100人以上或作业范围超过（含）30基塔的不涉及铁塔组立（拆除）和更换导地线的工作	人身安全风险：二级 安全管控难度：一级 工艺技术难度：二级	Ⅱ级
16	500（±400、±500、±660）kV、750kV	B类检修	当日作业人员达（含）100人以上或作业范围超过（含）30基塔的不涉及铁塔组立（拆除）和更换导地线的工作	人身安全风险：三级 安全管控难度：三级 工艺技术难度：二级	Ⅱ级
17	500（±400、±500、±660）kV、750kV	C类检修	当日作业人员达（含）100人以上或作业范围超过（含）30基塔的作业	人身安全风险：三级 安全管控难度：一级 工艺技术难度：四级	Ⅱ级
18	500（±400、±500、±660）kV、750kV	C类检修	当日作业人员未达100人且作业范围未达30基塔的作业	人身安全风险：三级 安全管控难度：二级 工艺技术难度：四级	Ⅲ级
19	500（±400、±500、±660）kV、750kV	D类检修	当日作业人员达（含）100人以上或作业范围超过（含）30基塔的登高作业	人身安全风险：三级 安全管控难度：一级 工艺技术难度：四级	Ⅱ级

续表

序号	设备电压等级	作业类型	作业内容	风险因素评级	综合评级
20	500（±400、±500、±660）kV、750kV	D类检修	当日作业人员未达100人且作业范围未达30基塔的登高作业	人身安全风险：三级 安全管控难度：二级 工艺技术难度：四级	Ⅲ级
21	500（±400、±500、±660）kV、750kV	D类检修	当日作业人员达（含）100人以上或作业范围超过（含）30基塔的不登高作业	人身安全风险：五级 安全管控难度：一级 工艺技术难度：四级	Ⅳ级
22	500（±400、±500、±660）kV、750kV	D类检修	当日作业人员未达100人且作业范围未达30基塔的不登高作业	人身安全风险：五级 安全管控难度：二级 工艺技术难度：四级	Ⅳ级
23	500（±400、±500、±660）kV、750kV	E类检修	等电位更换耐张绝缘子串或新工艺首次应用	人身安全风险：一级 安全管控难度：三级 工艺技术难度：二级	Ⅲ级
24	500（±400、±500、±660）kV、750kV	E类检修	等电位更换悬垂串，中间电位更换耐张单片绝缘子	人身安全风险：二级 安全管控难度：二级 工艺技术难度：三级	Ⅲ级
25	330kV及以下	/	330kV及以下电网"新技术、新工艺、新设备、新材料"应用的首次作业	/	Ⅲ级
26	220（330）kV	A/B类检修	当日作业人员达（含）100人以上或作业范围超过（含）30基塔的杆（塔）组立（拆除）、更换导地线或架空光缆作业	人身安全风险：一级 安全管控难度：一级 工艺技术难度：三级	Ⅰ级
27	220（330）kV	A/B类检修	当日作业人员未达100人且作业范围未达30基塔的作业杆（塔）组立（拆除）、更换导地线或架空光缆作业	人身安全风险：一级 安全管控难度：二级 工艺技术难度：三级	Ⅲ级
28	220（330）kV	B类检修	当日作业人员未达100人且作业范围未达30基塔的作业	人身安全风险：一级 安全管控难度：二级 工艺技术难度：四级	Ⅲ级
29	220（330）kV	C类检修	当日作业人员达（含）100人或作业范围达（含）30基塔的作业	人身安全风险：三级 安全管控难度：一级 工艺技术难度：四级	Ⅱ级

续表

序号	设备电压等级	作业类型	作业内容	风险因素评级	综合评级
30	220（330）kV	C类检修	当日作业人员达50～100人或作业范围达20～30基塔的作业	人身安全风险：三级 安全管控难度：二级 工艺技术难度：四级	Ⅲ级
31	220（330）kV	C类检修	当日作业人员未达50人且作业范围未达20基塔的作业	人身安全风险：三级 安全管控难度：四级 工艺技术难度：四级	Ⅳ级
32	220（330）kV	D类检修	当日作业人员达（含）100人或作业范围达（含）30基塔的登高作业	人身安全风险：四级 安全管控难度：一级 工艺技术难度：四级	Ⅲ级
33	220（330）kV	D类检修	当日作业人员未达100人且作业范围未达30基塔的登高作业	人身安全风险：四级 安全管控难度：三级 工艺技术难度：四级	Ⅳ级
34	220（330）kV	D类检修	不登高作业	人身安全风险：五级 安全管控难度：一级 工艺技术难度：四级	Ⅳ级
35	220（330）kV	E类检修	等电位更换耐张绝缘子串或新工艺首次应用	人身安全风险：一级 安全管控难度：二级 工艺技术难度：三级	Ⅲ级
36	220（330）kV	E类检修	等电位更换悬垂串	人身安全风险：二级 安全管控难度：二级 工艺技术难度：三级	Ⅲ级
37	110（66）kV	A/B类检修	当日作业人员达（含）100人以上或作业范围超过（含）30基塔的杆（塔）组立（拆除）、更换导地线或架空光缆作业	人身安全风险：一级 安全管控难度：一级 工艺技术难度：三级	Ⅰ级
38	110（66）kV	A/B类检修	当日作业人员未达100人或作业范围未达30基塔的更换导地线或架空光缆作业	人身安全风险：一级 安全管控难度：二级 工艺技术难度：三级	Ⅲ级
39	110（66）kV	B类检修	当日作业人员未达100人或作业范围未达30基塔的作业	人身安全风险：二级 安全管控难度：二级 工艺技术难度：四级	Ⅲ级

续表

序号	设备电压等级	作业类型	作业内容	风险因素评级	综合评级
40	110（66）kV	C类检修	当日作业人员达（含）100人或作业范围达（含）30基塔的作业	人身安全风险：四级 安全管控难度：一级 工艺技术难度：五级	Ⅲ级
41	110（66）kV	C类检修	当日作业人员未达100人或作业范围未达30基塔的作业	人身安全风险：三级 安全管控难度：三级 工艺技术难度：五级	Ⅳ级
42	110（66）kV	D类检修	登高作业	人身安全风险：四级 安全管控难度：一级 工艺技术难度：五级	Ⅲ级
43	110（66）kV	D类检修	不登高作业	人身安全风险：五级 安全管控难度：一级 工艺技术难度：五级	Ⅳ级
44	110（66）kV	E类检修	等电位更换整串耐张绝缘子串或新工艺首次应用	人身安全风险：一级 安全管控难度：二级 工艺技术难度：三级	Ⅲ级
45	110（66）kV	E类检修	等电位更换悬垂串	人身安全风险：三级 安全管控难度：二级 工艺技术难度：三级	Ⅲ级
46	66kV	A/B类检修	同沟敷设多回电缆进行部分电缆停电开断作业	人身安全风险：二级 安全管控难度：四级 工艺技术难度：三级	Ⅳ级
47	66kV及以上电缆	A/B类检修	邻近易燃、易爆物品或电缆沟、隧道等密闭空间动火作业	人身安全风险：三级 安全管控难度：三级 工艺技术难度：三级	Ⅲ级
48	66kV及以上电缆	A/B类检修	制作环氧树脂电缆头和调配环氧树脂工作	人身安全风险：三级 安全管控难度：四级 工艺技术难度：四级	Ⅳ级
49	66kV及以上电缆	B类检修	高压电缆试验	人身安全风险：三级 安全管控难度：四级 工艺技术难度：四级	Ⅳ级
50	66kV及以上电缆	C类检修	所有作业	人身安全风险：四级 安全管控难度：四级 工艺技术难度：四级	Ⅳ级

续表

序号	设备电压等级	作业类型	作业内容	风险因素评级	综合评级
51	66kV及以上电缆	D类检修	所有作业	人身安全风险：四级 安全管控难度：四（五）级 工艺技术难度：五级	V级
52	110（66）kV及以上	D类检修	通道树障清理	人身安全风险：四级 安全管控难度：四级 工艺技术难度：五级	V级
53	110（66）kV及以上	B类检修	融冰时搭接和拆除短引线、融冰电源线等	人身安全风险：三级 安全管控难度：四级 工艺技术难度：四级	IV级
54	110（66）kV及以上	线路巡视	途径地质灾害区、无人区、交通困难地区、原始森林、野兽出没区域、湖荡区	人身安全风险：四（五）级 安全管控难度：四（五）级 工艺技术难度：五级	V级
55	110（66）kV及以上	线路巡视	大风、暴雨、大雾、导线覆冰、地震、森林火灾等特殊情况及登杆（塔）巡视	人身安全风险：四（五）级 安全管控难度：四（五）级 工艺技术难度：五级	V级
56	66kV及以上电缆	电缆巡视	进入电缆隧道、电缆井等密闭空间开展的巡视	人身安全风险：四（五）级 安全管控难度：四（五）级 工艺技术难度：五级	V级
57	66kV及以上电缆	电缆巡视	电缆故障、洪水倒灌、异常告警时开展的巡视	人身安全风险：二级 安全管控难度：四级 工艺技术难度：四级	IV级

（三）输电作业环节

1. 检修计划管理

按照"综合平衡、一停多用"原则，统筹组织检修计划编制上报，严格执行计划审批备案，强化计划刚性执行，切实减少重复停电，降低操作风险。

（1）停电计划制订

① 220kV 及以上的停电计划由超高压公司、地市级公司（以下简称市公司）设备管理部门组织编制，10 月 31 日前报送省公司设备部。省公司设备部 11 月 10 日前完成 220kV 及以上检修计划的审核、批复。

② 110kV 及以下停电计划由输电工区、县级公司（以下简称设备运维单位）组织编制，11 月 20 日前报送市公司设备管理部门。市公司设备管理部门 11 月 30 日前完成 110kV 及以下检修计划的审核、批复。

（2）检修计划备案

① 下年度停电计划发布后，省公司设备部在 12 月 31 日前将下年度 500kV 及以上线路Ⅰ级作业风险检修统计表报送国网公司设备部备案，市公司设备管理部门将所有Ⅰ级作业风险检修和 500kV 及以上线路Ⅱ级作业风险检修计划统计表报送省公司设备部备案。

② 下月度停电计划确定后，省公司设备部在每月 20 日前将下月 500kV 及以上线路Ⅰ级作业风险检修计划统计表报送国网公司设备部备案并抄送中国电科院输电技术中心。市公司设备管理部门将所有Ⅰ级作业风险检修和 500kV 及以上线路Ⅱ级作业风险检修计划统计表报送省公司设备部备案。

③ 检修计划下达后，原则上不得进行调整。若确因气象、水文、地质等特殊原因导致检修计划出现重大变更时，应逐层、逐级汇报办理变更手续并重新确定检修风险等级。

2. 现场勘察组织

严格细致开展现场勘察，全面掌握检修设备状态、现场环境和作业需求，提前辨识现场风险，切实提高项目立项、计划申报和检修方案编制的精准性。

（1）勘察原则

Ⅲ级及以上作业风险检修工作前必须开展现场勘察，Ⅳ～Ⅴ级作业风险检修工作根据作业内容必要时开展现场勘察，作业环境复杂、高风险工序多的检修工作还应在项目立项、计划申报前开展一次前期勘察。

因停电计划变更、设备突发故障或缺陷等原因导致停电区域、作业内容、作业环境发生变化时，根据实际情况重新组织现场勘察。

（2）勘察人员

Ⅰ级作业风险检修现场勘察由市公司设备管理部门监督开展，工作票签发人或工作负责人实施；Ⅱ级作业风险检修现场勘察由设备运维单位监督开展，工作票签发人或工作负责人实施；Ⅲ～Ⅴ级作业风险检修由工作票签发人或工作负责人组织开展并实施。施工单位、设备厂家、设计单位（如有）、省电科院（必要时）参与。

（3）勘察内容

现场勘察时，应仔细核对检修设备台账，核查设备运行状况及存在的缺陷，梳理技改、大修、反措等任务要求，分析现场作业风险及预控措施，对检修分级的准确性进行复核。涉及特种车辆作业时，还应明确车辆行车路线、作业位置、作业边界等。

（4）勘察记录

现场勘察完成后，应采用文字、图片或影像相结合的方式规范填写勘察记录，明确停电作业范围、与临近带电设备的距离、危险点及预控措施等关键要素，作为检修方案编制的重要依据。

3. 检修方案编审

分层、分级组织检修方案编审，强化检修方案质量把关，确保方案覆盖全面、内容准确，切实指导现场检修作业的组织和实施。

（1）方案编制与审批

① 500kV及以上线路Ⅰ级作业风险检修方案由市公司设备管理部门组织编制，检修项目实施前15日完成。由省公司设备部负责组织审查，将特高压线路检修方案报国网公司设备部备案。

② Ⅱ级作业风险检修和220kV及以下Ⅰ级作业风险检修方案由市公司设备管理部门组织编制和审查，检修项目实施前7日完成。Ⅰ级作业风险报省公司设备部备案。

③人身安全风险较高的Ⅲ～Ⅴ级风险作业检修方案由设备运维单位组织编审批，检修项目实施前3日完成，市公司设备管理部门备案。

（2）方案内容与要求

①Ⅱ级及以上作业风险检修应包括编制依据、工作内容、组织措施、安全措施、技术措施、物资供应保障措施、进度控制保障措施、检修验收要求等内容。必要时针对重点作业内容编制专项方案，作为附件与检修方案一起审批。

②Ⅲ～Ⅴ级作业风险检修方案应包括项目内容、人员分工、停电范围、备品（备件）及工（机）具等内容。

③检修内容变化时，应结合实际内容补充完善检修方案并履行审批流程。检修风险升级时，应按照新的检修分级履行方案编审批流程。

4. 到岗（到位）要求

①500kV及以上线路Ⅰ级作业风险检修：市公司分管领导或专业管理部门负责人应到岗（到位），省公司设备部相关人员应到岗（到位）或组织专家组开展现场督查，国网公司设备部相关人员必要时应到岗（到位）或组织专家组开展现场督查。

②220kV及以下线路Ⅰ级作业风险检修：市公司分管领导或专业管理负责人应到岗（到位），省公司设备部相关人员必要时应到岗（到位）或组织专家组开展现场督查。

③Ⅱ级作业风险检修：设备运维单位负责人或管理人员应到岗（到位），地市级公司专业管理部门管理人员应到岗（到位）。

④Ⅲ～Ⅳ级作业风险检修：设备运维单位组织开展，相关人员到岗（到位）。

⑤发生倒塔、断线等突发情况紧急抢修恢复时，到岗（到位）应提级管控。

5. 远程督查安排

依托省级、地市级输电集中监控中心分别实现500kV及以上和220（330）kV及以下检修现场远程监控，掌握检修计划实施进度。各级管理人员可依托监控中心远程开展现场作业督查，实现智能化安全管控。

6. 现场实施管控

细致分析现场管控要点，提升现场管控质量，加强到岗（到位）监督，优化现场管控策略，切实保障现场作业安全、质量可控、在控，做好现场风险管控（见表3-3）。

表3-3 现场风险管控

作业风险	现场风险管控措施
误登杆（塔）风险管控	严格召开班前会，详细告知作业人员当日作业范围（线路双重名称、杆号、位置、色标）；同塔双回（多回）线路单回停电检修时，管控人员应与施工人员同进同出，进入作业侧横担前应二次确认线路色标
高空坠落风险管控	正确使用合格的个人安全工具、后备保护绳及缓冲器等防护工具。后备保护绳超过3米时，应使用缓冲器。上、下杆（塔）应沿脚钉攀登。沿绝缘子串进出导线或在塔上转位移动过程中，人员不得失去保护
感应电伤人风险管控	确保工作接地线可靠接地，作业范围过大的应适当加挂接地线，工作时间超过1天的，应在每日开工前检查接地线是否挂设良好。临近带电体作业时应正确使用个人保安接地线，必要时穿着屏蔽服工作
气体中毒风险管控	电缆密闭空间作业时应坚持"先检测，后进入"原则，进入工作空间前保证通风时间不少于30分钟并经气体检测合格后方可。密闭空间内应足量配备通风、照明、通信设备、呼吸防护和应急救援等设备，加强设备维护和保养
火灾风险管控	电缆接头两侧各3米和该范围内邻近并行交叉敷设的其他电缆上应包扎阻燃包带、喷涂防火涂料等防火材料。动火工作前，作业人员应做好防灼伤措施，燃气管应有金属编织护套。电缆通道内应足量配备各类消防设施，加强设备维护和保养
物体打击风险管控	进入作业现场的人员均应正确佩戴安全帽，作业点下方坠落半径范围内不允许人员通过或逗留。上下传递物品应使用绳索拴牢传递，严禁上下抛掷。塔上作业应使用工具袋传递物品，较大的工具应固定在牢固构件上
机械伤害风险管控	吊车、绞磨、牵张机等特种机械设备操作人员应持证上岗，严格按照相关安全规范要求正确操作机械设备。现场各类机械设备应按要求定期维护、保养和试验，确保各项性能指标符合要求

7. 检修验收管理

作业完成后，由所属运维单位组织开展验收工作，严格执行验收申请和"三级自检"工作要求。

①现场作业完工，工作负责人、现场监理、项目经理分别完成自检验收。具备竣工验收条件后，由项目经理或工作负责人向运维单位申请验收。

②运维单位根据公司相关验收工作规范要求，在规定时间内完成验收工作并向项目经理或工作负责人反馈缺陷情况和验收结果。

③重大检修或特殊情况应增加随工验收流程，把好关键施工工序质量关，确保作业安全按期完成。

④重大问题隐患由方案计划审批单位负责协调解决。

二、输电现场作业风险管控要点

输电现场作业风险管控要点如表3-4所示。

表 3-4 输电现场作业风险管控要点

类别	风险点	管控措施	督查重点	典型违章
架空输电线路综合检修（补缺消缺、更换塔材、防鸟设施安装、拆除鸟窝、塔身螺栓紧固、拉线调整、更换附属设施安装等）	误登杆（塔）、高处坠落、高空落物、触电、机械伤害、感应电伤人	①作业人员在作业现场应正确佩戴与待停电作业双重名称、色标一致的胸牌卡（线路识别标记卡）或其他线路识别标识，在开班会上相互确认。②项目实施过程中，运行单位与施工单位要保持同进同出，尤其是同一通道多回线路或同塔双回（多回、直流线路双极）线路中一回停电而其他回路带电时，运行单位应派专人同进同出并开展现场监护。③每组人员至少有两人，一人监护、一人登塔。登塔前需要外协施工单位作业人员及监护人（小组负责人）共同确认现场线路双重名称、色标，通过拍照、微信平台等方式报运行单位及工作负责人确认后方可登塔作业。④在同塔双回（多回、直流线路双极）线路中一回停电而其他回路带电杆（塔）上作业时，作业人员在横担处应与监护人（小组负责人）有效核对色标，通过拍照后方可进入作业区域。⑤检修前核对外包单位作业工（器）具在合格期内，作业人员应认真检查安全帽等安全工（器）具具备良好、能正确使用安全带（绳）保护、高空移位、作业时都不得失去安全带（绳）保护	①查在5级及以上大风或暴雨、雷电、冰雹、大雾、沙尘暴等恶劣天气下是否停止露天高处作业。②高处作业是否使用全方位安全带，安全带是否挂在牢固的构件上，是否采用高挂低用的方式。③查高处作业人员在作业过程中的安全带是否杆转、在转移位置时是否失去安全保护。④查高处作业是否使用工具袋，较大的工具是否用绳索系在牢固的构件上，工作、边角余料是否放置牢靠的地方或用铁丝扣牢并有防止坠落的措施。⑤在进行高处作业时，工作地点下面是否设有围栏或设置其他保护装置。⑥查使用软梯、挂梯作业或使用梯头进行移动作业时，挂梯或梯头工作和移动时，在梯头工作和移动时是否将梯头的封口可靠封闭	①高处作业，攀登或转移作业位置时失去保护。②脚手架、跨越架未经验收合格即投放使用。③在杆和后备保护绳未分别挂在杆（塔）不同部位的牢固构件上，安全带使用或超过2米未使用缓冲器。④高空抛物。⑤使用软梯、挂梯作业时，多人在软梯、挂梯或梯头上进行工作；到达梯头开始工作前，梯头未用保护绳防止梯头脱钩。⑥安全带低挂高用。⑦杆（塔）上作业，需要携带工具时未使用工具袋，较大的工具未只靠一人工具固定牢固的构件上。⑧高处作业、工作、边角余料随便放，未扣牢

050

模块3 输电现场作业风险管控

续表

类别	风险点	管控措施	督查内容	
			督查重点	典型违章
架空输电线路综合检修（补充更换塔材、防鸟设施安装、拆除鸟窝、塔身螺栓紧固、拉线调整、导线更换、附属设施安装等）	误登杆（塔）、高处坠落、高空落物、触电伤人、机械伤害、感应电伤人	⑥应使用坠落悬挂用安全带。安全绳和后备保护绳应分别挂在杆（塔）不同部位的牢固构件上。作业人员应根据作业位置合理调整安全绳、后备保护绳的挂点位置和使用长度，减小坠落距离 ⑦上下杆（塔）时必须手抓牢，脚踏稳。人员上下杆（塔）要沿脚钉攀登，不得沿单根构件、绳索或拉线上爬或下滑。发现有脚钉短缺，绳带的保护绳应牢固，手扶的构件应牢固，做好防滑措施。多人上下同一杆（塔）时应逐个进行，而且人员间隔不得少于2米 ⑧沿绝缘子串进、出导线时，后备保护绳通过速差制控器挂在横担主材上，个人安全带系在不影响移动的绝缘子串上并随身移动，严禁人员沿绝缘子串站立行走 ⑨在相分离导线上工作时，后备保护绳宜挂在整组相导线上。导线走线时，过间隔棒不得失去安全保护 ⑩现场监护人员采用无人机或望远镜对作业人员的行为实施跟踪检查，过程人员利用布控球的方式进行远程抽查拍照记录。一旦发现违章，现场监护人员对违章人员进行安全教育，停工整改，重新组织违章单位人员进行安全教育并进行安规考试。同一单位发现相同类型违章两次，停工整改，重新组织违章单位人员进行安全教育并进行安规考试	⑦查存在高处坠落、物体打击风险的现场，人员是否佩戴安全帽 ⑧查高处作业时，工作地点下面是否按坠落装置，其他保护防要求做好防护，是否按照现场标准化安全布置布防 ⑨查在城区、人口密集区地段或交通道口和通行道路上施工时，工作场所周围是否装设遮拦（围栏）和标示牌 ⑩查作业人员是否擅自穿越、跨越安全围栏、安警戒线 ⑪查作业人员进入作业现场，是否正确佩戴安全帽、绝缘鞋，是否穿全棉长袖工作服	

051

续表

类别	风险点	管控措施	督查重点	典型违章
杆（塔）组立、扶正、加固	物体打击、机械伤害、高处坠落	①根据作业指导书的要求分拉线坑，各拉线间及拉线和对地角度、地锚埋设符合方案要求。若达不到要求时增加相应的安全措施 ②受力地锚、铁桩牢固可靠，埋深符合施工方案要求，回填土层逐层夯实。严禁利用树木或裸露的岩石作业受力地锚 ③调整锚绳方向视吊片方向而定，距离应保证调整锚对水平面的夹角不大于45度，可采用地钻或小号地锚固定 ④牵引转向滑车地锚一般利用基础或塔腿，必须经过计算并采取可靠保护措施 ⑤各种桩回填土有防沉措施并覆盖防雨布，设有排水沟。下雨后及时检查地锚埋设情况，如有土质下沉、流失等情况及时回填 ⑥拉线必须满足要求的安全距离规定，如不能满足要求的安全距离时，应按照带电作业工作或停电进行工作 ⑦地锚埋设应设专人检查验收，回填土层夯实 ⑧组塔前，应根据作业指导书的要求，各拉线间及拉线和对地角度要符合措施要求、现场负责检查 ⑨作业前及检查铁塔是否可靠接地。严禁抱杆的整体弯曲不超过杆长的1/600。严禁抱杆违反方案超长使用	①查吊车、起重机械等是否装设接地线，其载面是否大于16平方毫米 ②查起吊物件绑扎情况，若物件有棱角或滑光时与绳索（吊带）接触处是否加以包垫 ③查在起吊、牵引过程中，受力钢丝绳的周围、上下方，转向滑车内外侧、吊臂和起重物的下面是否有人逗留和通过 ④查两台及以上链条葫芦起吊同一重物时，每个链条葫芦的重量是否小于每台链条葫芦的允许起重量 ⑤查起重设备操作人员是否熟悉现场工作内容、安全措施等 ⑥查起重作业过程是否先支腿后作业、是否吊物行走 ⑦查钢丝绳绳部用绳卡固定连接时，绳卡压板是否在钢绳绳主要受力的一边目距是否不得正反交叉设置，绳卡间距是否大于钢丝绳直径的6倍，绳卡数量是否符合规定	①杆（塔）上有人作业时，调整或拆除拉线 ②拉线、地锚、索道投入使用前未计算校核受力情况 ③拉线、地锚、索道投入使用前未开展验收；组塔架线前未对地脚螺栓开展验收，验收不合格，未整改目未重新验收合格即投入使用 ④在居民区和交通道路附近立、撤杆时，无相应的交通组织方案、措施，未设警示标志、未派专人看固或警告标守 ⑤调整杆（塔）时，无人统一指挥 ⑥组立杆（塔）、撤杆、撤线或紧线前（塔）措施，架线过程中，未紧固地脚螺栓 ⑦立、撤杆（塔）过程中，基坑内有人工作 ⑧临时拉线固定在不可靠的物体上

续表

类别	风险点	管控措施	督查重点	督查内容	典型违章
杆（塔）组立、扶正、加固	物体打击、机械伤害、高处坠落	⑩高处作业人员要衣着灵便，穿软底防滑鞋，使用全方位安全带，速差自控器等保护设施，挂设在牢靠的部件上且不得低挂高用 ⑪抱杆根部采取防滑或防沉措施。抱杆超过30米，采用多次对接组立时必须采取倒装方式，禁止采取正装方式 ⑫作业前校核抱杆系统布置情况。对抱杆、起重滑车、吊点钢丝绳、承托钢丝绳等主要受力工具进行详细检查，严禁以小带大或倒负荷使用 ⑬钢丝绳端部用绳卡固定连接时，绳卡不得正反交叉设置；绳卡间距不应小于钢丝绳直径的6倍；绳卡数量应符合规定 ⑭在抱杆起立过程中，根部看守人员根据抱杆根部位置和抱杆起立程度同步均匀回松、制动。制动领人员根据指挥指令均匀回松，拉磨尾绳不得松落 ⑮磨绳缠绕不得少于5圈，施工现场任何人发现异常应立即停止牵引，查明原因，妥善处理，不得强行吊装 ⑯吊装过程中，人员应站在锚桩后面并不得站在绳圈内	⑧查杆（塔）上有人作业时，是否调整或拆除拉线 ⑨查拉线、地锚、索道投入使用前是否进行校核受力情况 ⑩查拉线、地锚、索道投入使用前是否开展验收工作，组塔架线前是否对地脚螺栓开展验收工作，验收不合格后是否整改并重新验收合格		

续表

类别	风险点	管控措施	督查重点	典型违章
杆(塔)组立、扶正、加固	物体打击、机械伤害、高处坠落	⑰起重机吊装杆(塔)必须指定专人指挥 ⑱指挥人员看不清作业地点或操作人员看不清指挥信号时,均不得进行起吊作业 ⑲对已组塔段进行全面检查,要确保螺栓紧固、吊点处不缺件 ⑳仔细核对施工图纸的吊段参数,严格按照施工方案控制单吊重量,严禁超重起吊 ㉑高处作业所用的工具和材料应放在工具袋内或用绳索绑牢;上下传递物件应用绳索吊送,严禁抛掷		
导地线调整、更换、修补、耐张塔引流线夹检查、更换	误登杆(塔)、高处坠落、高空落物、触电伤人、机械伤害、感应电伤人	①检查杆(塔)临时拉线是否安装完毕,承力状态是否完好;检查地锚、承力工具是否符合要求 ②检查牵引机械、链条葫芦、液压设备等是否符合要求 ③检查交跨越点安全措施是否到位 ④检查高空作业点下方、转向滑车角、展放导地线线圈内是否有人 ⑤检查是否有新、旧导线牵引连接是否可靠 ⑥检查是否与邻近带电体保持足够的安全距离 ⑦检查弧垂监控人员是否到位,是否有效控制过牵引长度 ⑧检查附件安装是否正确设置防掉线保险绳 ⑨检查连接螺栓、"三销"是否安装齐全到位	①查防高处坠落、防高空落物、误登杆(塔)的安全措施是否完善 ②查是否使用达到报废标准的或超出检验期的安全工(器)具 ③查工作地段如有临近、平行、交叉跨越、同杆(塔)架设线路,在需要接触或接近导线工作时,是否使用个人保安线 ④查作业人员是否擅自穿越、跨越安全围栏、安全警戒线 ⑤查作业人员进入作业现场是否正确佩戴安全帽、绝缘鞋是否穿着安全棉长袖工作服	①高处作业,攀登或转移作业位置时失去保护 ②跨越带电线路展放导(地)线作业,跨越架、封网等安全措施均未采取 ③交叉跨越公路、铁路、线时,未采取封路、看守等安全措施 ④平衡挂线时,在同一相邻耐张段的同相导线上进行其他作业 ⑤放电线路时,导(地)线或牵引绳未采取接地措施

054

续表

类别	风险点	管控措施	督查重点	典型违章
导地线调整、更换、修补、耐张塔引流线夹检查、更换	误登杆（塔）、高处坠落、高空落物、触电伤人、机械伤害、感应电伤人	⑩检查线盘架设是否稳固，刹车装置是否有效；⑪检查通信信号是否畅通无阻，指挥是否统一指挥。⑫检查连接金具、接续管等与导地线型号是否匹配；⑬检查压接工具型号、规格及完好性是否符合要求；⑭防止压接时人员站在压钳上方，防止压力过载；⑮检查杆（塔）临时拉线装置是否安装完毕，承力状态是否完好；承力工具是否符合要求，防止长导、地线切割伤人；⑯逐基检查并消除导线在放线滑车中可能存在的跳槽现象；⑰检查同相子导线可能存在的相互跳线现象，以便紧线时采取合理的紧线顺序，予以消除；⑲检查压接管压接是否压严，压接管位置是否合适；⑳紧线前，对紧线段内展放在地面上的导线和地线的放线质量巡检一次，对直线接续管和导地线损伤处理、障碍设施等巡检一次，如发现问题，应及时进行处理；㉑检查连接金具是否连接稳固	⑥查是否存在攀爬、踩踏复合绝缘子申等行为；⑦查在城区、人口密集区地段或交通道口和通行道路上施工时，工作场所周围是否装设遮栏（围栏）和标示牌；⑧查跨越带电线路展放导（地）线作业，是否采取跨越封网等安全措施；⑨查平衡挂线时，在同一相邻耐张段的同相导线上是否进行其他作业；⑩查耐张塔挂线前，是否使用导体将耐张绝缘子申短接	⑥耐张塔挂线前，未使用导体将耐张绝缘子申短接；⑦导线高空锚线未设置二道保护措施；⑧交通道口跨越架锚线和路面上部封顶部分未悬挂醒目的警告标志牌；⑨在交通道口使用软跨通警示标牌；施工地段两侧未设立交通警示标牌；⑩牵引设备、张力设备操作人员未站在干燥的绝缘垫上，或者与未站在绝缘垫上的人员接触

055

续表

类别	风险点	管控措施	督查内容	
			督查重点	典型违章
绝缘子、避雷器、金具调整、更换	误登杆（塔）、高处坠落、高空落物、触电伤人、机械伤害、感应电伤人	①安装好导线后备保护绳后，安装提线工具 ②安装工具时需塔上、线上人员配合 ③将控制绳固定在绝缘子导线侧 ④塔上人员将起吊滑车移到更换绝缘子挂点附近（绳头留在绝缘子下端） ⑤提升导线，将绝缘子下部球头从碗头中脱出，缓松控制绳使绝缘子悬垂，拆下绝缘子并传递到地面 ⑥在地面将新绝缘子组装好，起吊新绝缘子，待横担就位后使用控制绝缘子拉近导线侧，安装就位后松提线工具 ⑦绝缘子受力后取下提线工具，后备保护绳利用绳子系下后送回地面 ⑧拆除导线后备保护绳后传递绳将工（器）具传递至塔下 ⑨检查杆（塔）上无遗留的工（器）具、材料后，高空人员携带传递绳和单轮滑车溜下杆	①查防高处坠落、防高空落物、误登杆（塔）的安全措施是否完善 ②查是否使用达到报废标准的或超出检验期的安全工（器）具 ③查工作地段如有临近、平行、交叉跨越、同杆（塔）架设线路，在需要接触或接近导线工作时，是否使用个人保安线 ④查作业人员是否擅自穿跨越安全围栏，安全警戒线 ⑤查作业人员进入作业现场是否正确佩戴安全帽、绝缘鞋或用长袖工作服、绝缘鞋 ⑥查是否存在攀爬、跟踏复合绝缘子串等行为 ⑦查邻近高压线路、杆（塔）或地面上作业人员是否用绝缘绳索传送大的金属物品，是否将金属物品接地后再接触	①高空作业，攀登或转移作业位置时失去保护 ②脚手架、跨越架未经验收合格即投入使用 ③在杆和后备保护绳未分别挂在杆（塔）不同部位的安全带和后备保护绳上，安全带使用或超过2米未使用对接使用或超过2米未使用缓冲器 ④高空抛物 ⑤使用软梯、挂梯作业或用梯头进行移动作业时，多人在软梯、挂梯或梯头上工作；到达梯头开始工作和梯头移动前，梯头未用保护绳封口未封闭，或未用保护绳防止梯头脱钩 ⑥安全带低挂高用 ⑦杆（塔）上作业，需要携带工具时未使用工具袋，较大的工具未固定在牢固的构件上 ⑧高处作业，工作、边角余料随便放，未扣牢

模块 3 输电现场作业风险管控

续表

类别	风险点	管控措施	督查重点	典型违章
绝缘子清扫、喷涂PRTV、塔身防腐、憎水性检测、零值检测等	误登杆（塔）、高空坠落、高空落物、触电伤人、机械伤害、感应电伤人	①工作人员根据工作情况选择工（器）具及材料并检查是否完好 ②工作人员检查杆（塔）根部是否完好 ③地面人员在适当的位置将传递绳理顺，确保无缠绕 ④工作时的要求在工作地段前后杆（塔）的号上验明确无电压后装设好接地线 ⑤塔上作业人员检查各塔工具及安全防护用具并确保良好可靠 ⑥塔上作业人员戴好安全帽，携带安全带、后背保护绳，传递绳开始登塔 ⑦作业人员登塔到适当位置系好安全带、后背保护绳，在适当位置挂好起吊绳 ⑧地面作业人员将传装各塔金具或塔材所需工（器）具传递给塔上作业人员 ⑨塔上作业人员对待拆除的金具或塔材绑扎在传递绳上固定，然后拆除金具或塔材并做适当传递固定，传递至地面 ⑩塔上作业人员将新的金具或塔材按正确方式安装在原位置上，检查其各部连接良好、牢固 ⑪塔上作业人员拆除原固定措施，检查塔上无任何遗留物品后，解开安全带、后备保护绳、携吊绳下塔	①查防高处坠落，误登杆（塔）的安全措施是否完善 ②查是否使用达到报废标准的或超出检验周期的安全工（器）具 ③查工作地段如有临近、平行、交叉跨越，同杆（塔）架设线路，在高要接触或接近导线工作时，是否使用个人保护线 ④查作业人员是否擅自多人在软梯、挂梯头或梯头上工作，和梯头未开始移动前，梯头封口未封闭，或未用保护绳防止梯头脱钩 ⑤查作业人员进入作业现场是否正确佩戴安全帽，跨越安全围栏，安全警戒线 ⑥查是否存在攀爬、踩踏复合绝缘子串等行为 ⑦查使用中电气设备的金属外壳有无良好的接地装置	①高处作业，攀登或转移作业位置时失去保护 ②脚手架、跨越架未经验收合格即投入使用 ③在杆（塔）上作业时，安全带和后备保护绳未分别挂在杆和后备（塔）不同部位的牢固构件上，安全带使用或超过2米未使绳对接使用缓冲器 ④高空抛物 ⑤使用软梯、挂梯作业或使用梯头进行移动作业时，多人在软梯、挂梯头或梯头上进行工作，和梯头开始移动前，梯头未封闭，或未用保护绳防止梯头脱钩 ⑥安全带低挂高用 ⑦杆（塔）上作业时，需要携带工具未使用工具袋，较大的工具未固定在牢固的构件上 ⑧高处作业，工作、边角余料随便堆放，未扣牢

057

续表

类别	风险点	管控措施	督查重点	督查内容	典型违章
基础施工	机械伤害、气体中毒	①发电机、配电箱等接线工作必须由专业电工负责，接线头必须接触良好，导电部分不得裸露，金属外壳必须接地，做到"一机一闸一保护"。工作中断时必须切断电源 ②堆土应距坑边1米以外，高度不超过1.5米 ③必须按照设计规定放坡，施工过程发现坑壁出现裂纹、坍塌等迹象，立即停止作业并报告施工负责人，待处置设置完成合格后再开始作业 ④规范设置提供规范的安全通道（梯子）。不得攀登挡土板支撑上下，不得在基坑内休息 ⑤有限空间作业必须做到"先通风、再检测、后作业"，检测不合格严禁作业 ⑥灌注桩基础施工需要连续进行。夜间现场施工应在不同的角度设置足够的灯具，保证现场施工过程中的安全	①查发电机、配电箱等接线工作是否由专业电工负责，接线头是否接触良好，导电部分是否裸露，金属外壳是否接地，是否做到"一机一闸一保护"。使用软橡胶电缆、电缆是否破损、漏电，工作中断时是否切断电源。 ②查堆土是否距坑边1米以外，高度是否超过1.5米 ③是否规范设置的安全通道（梯子）。供作业人员上下基坑攀登挡土板支撑上下，是否在基坑内休息 ④查有限空间作业是否做到"先通风、再检测、后作业"，是否做到检测不合格严禁作业 ⑤查灌注桩基础施工现场的灯光亮度是否足够	①有限空间作业未执行"先通风、再检测、后作业"要求，未配置或不正确设置监护人装备，应急救援装备 ②沟槽开挖深度达到1.5米及以上时，未采取措施防止土层塌方 ③起重机在不平实地面有暗沟、地下管线等上面吊装作业，未采取防护措施 ④掘路施工区域未用标准路栏等分隔，无明显标志，夜间施工未佩戴反光标示，施工点未加挂警示灯

续表

类别	风险点	管控措施	督查重点	督查内容	典型违章
带电作业（更换绝缘子或金具、修补导线、处理线夹发热）	触电、有效绝缘距离不足、绝缘强度不足	①带电作业应在现场实测相对湿度不大于80%的良好天气下进行，如遇雷、雨、雪、雾不得进行带电作业；风力大于5级（10m/s）时不宜进行带电作业 ②杆（塔）上作业人员必须穿合格的全套屏蔽服，屏蔽服各部分应连接好，与带电体阻值均不得大于20Ω ③使用专用绝缘检测仪对绝缘工具进行分段绝缘检测，阻值应不低于700MΩ。操作绝缘工具时，应戴清洁、干燥的手套 ④等电位作业人员对接地体的距离应不小于规定的最小安全距离 ⑤等电位人员与带电体两部分间隙组合间隙的距离不应小于规定的最小组合间隙 ⑥等电位作业人员在转移前，应得到工作负责人的许可。转移电位时，人体裸露部分与带电体的距离不应小于规定的最小距离 ⑦等电位作业人员与地电位人员传递工具和材料时，应使用绝缘绳索进行，其有效长度不应小于规定的最小有效绝缘长度 ⑧细致编制带电作业方案，校核验算组合间隙、有效绝缘半径，作业过程控制作业过程组合间隙满足要求	①查带电作业是否按规定履行审批手续，作业环境、条件是否符合要求 ②查带电作业人员是否经过专门培训并取得资格，是否设置专责监护人 ③查作业人员与带电体间的安全距离是否符合规定 ④查带电作业工具有效绝缘长度是否符合规定，使用是否规范 ⑤等电位作业人员与地电位人员传递工具和材料时是否使用绝缘绳索进行，其有效长度是否小于规定的最小有效绝缘长度 ⑥查全套屏蔽服各部分是否穿着的合格的全套屏蔽服各部分是否连接好，屏蔽服任意两点之间电阻值是否小于20Ω。是否与带电体保持安全距离 ⑦查带电作业现场实测是否相对湿度不大于80%的良好天气下进行。查遇雷、雨、雪、雾是否进行带电作业，风力大于5级（10m/s）时是否进行带电作业	①带电断、接空载线路时，作业人员未戴护目镜，未采取消弧措施 ②带电作业工具在运输过程中，带电绝缘工具未装在专用工具箱（袋）、工具箱或专用工具车内 ③现场使用的带电作业工具放置在防潮的帆布或绝缘垫上 ④装、拆保护间隙人员未穿全套屏蔽服

059

续表

类别	风险点	管控措施	督查重点	典型违章
带电作业（更换绝缘子或金具、修补导线、处理线夹发热）	触电，有效绝缘距离不足，绝缘强度不足	⑨合理选用并正确使用绝缘工（器）具，保证有效绝缘距离 ⑩等电位作业人员必须穿合格的全套屏蔽服且各部分应连接好，屏蔽服任意两点之间电阻值均不得大于20Ω。与带电体保持安全距离		
电缆检修	火灾、绝缘击穿、触电伤人、灼伤、运行设备故障	①认真实行技术交底制度，明确技术要求与工艺要求，强化技术纪律，严格按照操作工艺进行，落实岗位责任制，不断提高技术水平与效率 ②工程开工前，应组织有关人员认真讨论施工方案，制订好材料计划 ③正确安全组织施工，严格执行各项规章制度和现场安全措施，确保施工安全 ④各项工作完工后，检测报告由工程总负责人组织统一收集、分类、审核并命令后，由检测部门向运检单位移交 ⑤工人登杆后首先使用验电笔验电后线路已停电，接地挂设接地线许可命令后，进行电缆识别工作，安装电缆识别仪器，与电缆路径图、电缆双重名称核对无误	①查有限空间作业是否执行"先通风、再检测、后作业"要求，是否正确设置监护人，是否配置或正确使用安全防护装备、应急救援装备 ②查在电容性设备检修前是否放电并接地，或结束变更接升压设备的高压试验结束时是否充分放电，高压试验或结束变更接升压设备的部分放电、短路接地 ③查需要拆除接地线的电力电缆试验，工作完毕后是否立即恢复接地线	①因故离开工作场所或暂停工作时，未切断设备转动的电气工具电源 ②施工机械设备转动部分无防护罩或不牢固的遮栏 ③使用中电气设备的金属外壳无良好的接地装置 ④检修动力电源箱剩余电流动作保护器（漏电保护器）或加装开关未加装剩余电流动作保护器（漏电保护器）功能失效 ⑤电动工具未做到"一机一闸一保护"

模块 3 输电现场作业风险管控

续表

类别	风险点	管控措施	督查内容	
			督查重点	典型违章
电缆检修	火灾，绝缘击穿，触电伤人，灼伤，运行设备故障	⑥开断电缆前，人员应做好防灼伤措施，确认绝缘工（器）具良好。在试验周期内，带好绝缘手套，站在绝缘垫上，戴好护目镜后可开断电缆 ⑦测试前必须核对电缆路径图纸，护层连接方式，测量历史资料，掌握所测电力电缆线路运行状态及所带负荷的情况 ⑧一次试验设置安全隔离区域，试验作业前，必须规范设置警示牌"止步，高压危险！"的警示牌；设专人监护，严禁非作业人员进入。设备试验时，应将所要试验的设备与其他相邻设备做好物理隔离措施 ⑨装、拆试验接线。在绝缘鞋，戴绝缘手套，穿绝缘鞋。在绝缘垫上加压操作，与加压设备保持足够的安全距离 ⑩更换试验接线前，应对试验设备充分放电，试验结束后应详细检查电缆接地系统是否恢复原始状态	④查掘路施工区域是否用标准路栏等分隔，是否有明显反光标志，夜间施工点是否加挂警示灯记，施工点是否佩戴反光标志 ⑤查沟槽开挖深度达到1.5米及以上时，是否采取措施防止土层塌方 ⑥查在电缆保护措施是否完善，悬吊电缆或接头盒下面挖空时，悬吊保护措施是否完善。查悬吊电缆是否使用铁丝或单芯电缆是否使用钢丝	⑥电动工具、机具接地不良或接零不良 ⑦升降平台、挡脚板等临时遮栏的栏杆、挡脚板及临时遮栏不规范

061

续表

类别	风险点	管控措施	督查重点	督查内容	典型违章
运行巡视（通道清障、接地电阻测量、红外测温等）	交通安全、人身伤害、动物伤害	①车辆要定期检查保养 ②出车安排要完成车辆出行审批 ③随行人员提醒驾驶员，不得疲劳驾驶 ④野外巡视应关注天气变化及地形等情况，途径地质灾害区、无人区、大雾、交通困难地区，或者遇到大风、暴雨、导线覆冰、地震、森林火灾等特殊情况时，应及时调整巡视时间并配备必要的防护、通信和应急设备 ⑤夜间巡视应至少2人进行，互相照应 ⑥巡视过程中不得贪图方便涉河或涉溪 ⑦边走边打草，避免蛇咬伤，备带适量蛇药，遇到野猪等不得惊扰，应避让 ⑧进村庄可能有狗的地方，备用棍棒，防备狗突然窜出受到伤害 ⑨通过狩猎地区时，一定要穿上颜色比较鲜艳的衣服，戴着橘黄色的帽子，尤其是在狩猎季节更应如此，防止被误伤 ⑩通过偏僻山区，野兽活动频繁地段时，要两人结伴进行，避开早晚时段，携带防护器具	①查正确佩戴安全帽，是否穿全棉长袖工作服，绝缘鞋 ②查大风天气巡视时，是否始终沿线路外侧或上风侧行进 ③查检测是否在天气良好的情况下进行，雷雨、大风等天气是否停止测量 ④查检测时，是否注意观察前方路径和上方有无导线，电缆断落地面或悬挂空中，是否设法防止行人靠近断线点8米以内并及时通知上级部门 ⑤查在偏僻山区或汛期及夏天、雪天等恶劣天气检测时是否由2人进行 ⑥查检测时是否禁止攀登电杆与铁塔		

062

模块 4

变电一次检修作业风险管控

模块 4　变电一次检修作业风险管控

在模块 4 中，我们将学习以下内容：①制度依据，介绍变电一次检修作业风险管控的制度依据，为变电一次检修作业提供标准化的管理流程和操作规范；②对变电一次检修作业中的关键风险点进行详细分析，帮助作业人员识别并防范潜在风险；③详细介绍变电一次检修作业安全风险管控要点，聚焦不同作业类别，阐述了风险点、风险等级、管控措施、督查重点、典型违章等内容。

一、变电一次检修作业安全风险管控基础

（一）制度依据

①《国家电网公司电力安全工作规程：变电部分》（Q/GDW1799.1–2013）。

②《国家电网有限公司进一步加强生产现场作业风险管控重点措施》（国家电网设备〔2022〕89 号）。

③《国网设备部关于进一步强化生产现场作业风险防控的通知》（设备技术〔2022〕75 号）。

④《国家电网有限公司关于进一步规范和明确反违章工作有关事项的通知》（国家电网安监〔2023〕234 号）。

⑤《国家电网有限公司安全生产反违章工作管理办法》（国家电网企管〔2023〕55 号）。

⑥《国家电网有限公司电力安全工（器）具管理规定》（国家电网企管〔2023〕55 号）。

（二）变电作业安全风险分类

按照设备电压等级、作业范围、作业内容对检修作业进行分类，突出人身风险，综合考虑设备重要程度、运维操作风险、作业管控难度、工艺技术难度，确定各类作业的风险等级（Ⅰ～Ⅴ级，分别对应高风险、中高风险、

中风险、中低风险、低风险),形成作业风险分级表(见表 4-1),用于指导作业全流程差异化管控措施的制订。

表 4-1 作业风险分级表

序号	电压等级	作业范围	作业内容	分级
1	1000(750)kV	整串停电	串内组合电器 A 类检修	I
2	1000(750)kV	单母线与出线(变压器)停电	组合电器 A 类检修	I
3	1000(750)kV	单变压器间隔停电	变压器 A/B 类(核心部件)检修	I
4	1000(750)kV	单 GIL(不含分支母线)停电	GIL 设备 A 类检修	II
5	1000(750)kV	整电压等级全停	集中检修	II
6	1000(750)kV	单出线(变压器)间隔停电	组合电器 A 类检修,电抗器 A/B 类(核心部件)检修	II
7	500(330)kV	整串停电	串内设备 A/B 类检修	II
8	500(330)kV	单母线与出线(变压器)停电	开关间隔 A 类检修,组合电器 A 类检修	II
9	500(330)kV	单出线(变压器)间隔停电	组合电器 A 类检修,变压器(电抗器)A/B 类(核心部件)检修	II
10	220kV	单变压器间隔停电	变压器 A 类检修及吊罩检查	II
11	1000(750)kV	单出线(变压器)间隔停电	电压互感器、避雷器 A 类检修,变压器 B 类(除核心部件外)和 C 类检修	III
12	1000(750)kV	单母线(GIL)停电	C 类检修	III
13	1000(750)kV	单开关停电	B/C 类检修	III
14	500(330)kV	整电压等级全停	集中检修	III
15	500(330)kV	单母线停电	间隔设备 A/B/C 类检修	III
16	500(330)kV	单出线间隔停电	敞开式间隔设备 A/B/C 类检修,组合电器 B/C 类检修	III

续表

序号	电压等级	作业范围	作业内容	分级
17	500（330）kV	单变压器间隔停电	变压器各侧敞开式设备A/B/C类检修，变压器（电抗器）B类（除核心部件外）检修，组合电器B/C类检修	Ⅲ
18	500（330）kV	单开关停电	间隔设备A/B类检修	Ⅲ
19	220kV	整电压等级全（半）停	集中检修	Ⅲ
20	220kV	单母线停电与出线（变压器）间隔	母线刀闸A/B/C类检修	Ⅲ
21	220kV	单出线间隔停电	间隔设备A/B类检修，电抗器A/B类检修	Ⅲ
22	220kV	单变压器间隔停电	变压器B/C类检修，变压器各侧设备A/B/C类检修	Ⅲ
23	220kV	线变组间隔停电	间隔设备（不含变压器）A/B类检修	Ⅲ
24	220kV	单开关停电	间隔设备A/B类检修	Ⅲ
25	220kV	单母线停电	母线设备A/B/C类检修	Ⅲ
26	110kV	整电压等级全（半）停	集中检修	Ⅲ
27	110kV	双母线接线方式中单母线停电与出线（变压器）间隔	母线刀闸A/B类检修	Ⅲ
28	110kV	单出线间隔停电	出线设备A/B类检修	Ⅲ
29	110kV	单变压器间隔停电	变压器A/B类检修，变压器各侧设备A/B类检修	Ⅲ
30	110kV	线变组间隔停电	线变组间隔设备（不含变压器）A/B类检修	Ⅲ
31	110kV	单开关停电	间隔设备A/B类检修	Ⅲ
32	500（330）kV	单开关停电	C类检修	Ⅳ
33	220kV	单出线间隔停电	C类检修	Ⅳ
34	220kV	线变组间隔停电	C类检修	Ⅳ
35	220kV	单开关停电	C类检修	Ⅳ

续表

序号	电压等级	作业范围	作业内容	分级
36	110kV	双母线接线方式中单母线停电与出线（变压器）间隔	C类检修	IV
37	110kV	单出线（变压器）间隔停电	C类检修	IV
38	110kV	线变组间隔停电	C类检修	IV
39	110kV	单开关停电	C类检修	IV
40	66kV及以下	单出线间隔停电	出线敞开式设备A/B类检修	IV
41	66kV及以下	单变压器间隔停电	变压器A/B类检修	IV
42	66kV及以下	整段母线全停	开关柜A/B类检修	IV
43	66kV及以下	母线带电，单间隔停电	开关柜B类检修	IV
44	66kV及以下	母线带电，单间隔停电	开关柜手车C类检修	V
45	66kV及以下	整段母线全停	开关柜C类检修	V
46	66kV及以下	单出线（变压器）间隔停电	C类检修	V
47	66kV及以下	线变组间隔停电	C类检修	V

备注：按照设备电压等级、作业范围、作业内容对检修作业进行分类，基于人身风险、设备重要程度、运维操作风险、作业管控难度、工艺技术难度等5类因素等级评价，综合各因素的权重占比，突出人身风险，确定作业风险等级（由高到低分为Ⅰ~Ⅴ级）。本表中如有未涵盖的检修项目，各单位参照同电压等级下相近的作业范围和作业内容来确定分级

二、变电一次检修作业风险管控要点

变电一次检修作业风险管控要点如表4-2所示。

模块 4　变电一次检修作业风险管控

表 4-2　变电一次检修作业风险管控要点

类别	风险点	风险预控措施	督查内容 督查重点	典型违章
设备转运	机械伤害 物体打击 高处坠落	①吊车（高空作业车）应经检验、检测机构检验合格，满足进场资质条件 ②吊车（高空作业车）操作人员应经专业技术培训，持有相应作业证并与所操作车辆类型符合 ③吊车（高空作业车）入场前应进行常规性检查，对制动器、限位器、斗臂、支腿缸、水平仪、力矩限制器及底座转盘等安全装置进行检查，确保各种安全保护装置齐全、有效，车辆状态良好 ④吊车（高空作业车）入场、转场、离场时，应设专人引导，按指定路线低速通行，车速不大于 5km/h；车辆外廓与带电设备保持足够的安全距离：750kV 大于 6.7 米，330kV 大于 3.25 米，220kV 大于 2.55 米，110kV 大于 1.65 米，35kV 大于 1.15 米，10kV 大于 0.95 米 ⑤吊车（高空作业车）转场时，应收起斗臂，支腿，严禁斗臂伸开时转移 ⑥吊车（高空作业车）应置于坚实的平面上，能确保支撑腿完全支撑开，确保整车倾斜角度不超过制造厂规定值；支撑腿与沟、坑边距离不小于沟、坑深度的 1.2 倍，否则应采取措施，防坍塌措施；如果地面不能满足要求，应采取必要的应对措施，如增加枕木、铺设钢板等 ⑦严格按照铭牌和参数要求开展高空工作，严禁超负荷作业；吊车（高空作业车）应可靠接地，接地线为多股软铜线，截面不小于 16 平方毫米	①高处作业：查在 5 级及以上的大风和暴雨、雷电、冰雹、大雾、沙尘暴等恶劣天气下的工作现场是否停止露天高处作业；查高处作业人员是否正确使用全方位安全带，在转移作业位置时是否失去安全保护；查安全带的挂钩或绳子是否在结实牢固的构件上或专用为挂安全带用的钢丝绳构件上，是否采用高挂低用的方式；查绝缘梯是否合格，使用是否规范，查作业人员上下脚手架是否沿斜道或梯子（禁止沿脚手杆或栏杆等攀爬）	作业现场使用的手持切割机砂轮无防护罩 高处作业人员高空抛物 深坑周边未设围栏

069

续表

类别	风险点	风险预控措施	督查重点	督查内容	典型违章
设备转运	设备损坏	⑧吊车（高空作业车）高空作业时，应与带电设备保持足够的安全距离：750kV大于11米，330kV大于7米，220kV大于6米，110kV大于5米，35kV大于4米，10kV大于3米 ⑨开箱作业人员相距不可太近，作业人员应相互协调，严禁野蛮作业，防止损坏设备，避免造成人身伤害 ⑩在设备区使用吊车吊卸重物时，重物及吊车附件应与带电设备保持足够的安全距离，满足安全规范的要求	②起重作业：查遇有6级以上大风时，是否开展露天起重工作；查遇有大雾、照明不足，是否开展起重作业；查作业人员或起重机操作人员未获得有效指挥时，是否开展起重作业；查起重物件是否绑扎牢固，工作负荷是否超过铭牌规定，起重搬运时是否由专人统一指挥；查在带电设备区域内使用汽车吊、斗臂车时，汽车车身是否使用截面不小于16平方毫米的软铜	吊装隔离开关时未在设备底部捆绑控制绳
	吊车（高空作业车）与带电设备安全距离不足，吊车（高空作业车）过负荷，吊车（高空作业车）倾倒	⑪吊装过程中作业范围应设专人指挥，观察整个作业范围发出紧急信号，必须停止吊装作业。不得在吊件和吊车臂活动范围内的下方停留和随吊臂移动 ⑫登高作业，正确使用安全带，严禁失去保护，悬挂瓷瓶 ⑬在高处进行转移时严禁失去保护 ⑭使用的梯子使用前应坚固完整，安放牢固，使用梯子时有人扶持 ⑮上下传递物品正确使用绳索 ⑯严禁上下抛掷物品 ⑰高处作业应使用工具袋 ⑱吊装过程中，设置缆风绳控制方向，缆风绳控制方向，避免设备磕碰、损坏	线可靠接地；查起重使用的吊钩、吊装带、吊装工器具是否符合要求，（套）等起重机具是否备有合格灭火装置，驾驶室内是否铺橡胶绝缘垫 ③临时用电：查检修加装漏电动力电源箱并运护罩，被检修设备及试验仪器开关是否符合使用要求，熔丝配合是否适当；查移动电源、移动式电动机械、手持电动工具熔丝是否匹配	①临近带电设备吊装时，吊车司机未参与现场勘察 ②现场使用的吊装带破损严重 ③电缆盘起吊时绑扎不牢固，起吊方式不正确

070

续表

类别	风险点	风险预控措施	督查内容	
			督查重点	典型违章
设备安装和更换	高处坠落、高空坠物	①登高作业，正确使用安全带，严禁安全带低挂高用，悬挂瓷瓶；②在高处进行转移时严禁失去保护；③使用的梯子应坚固完整，安放牢固，使用梯子时有人扶持；④上下传递物品正确使用绳索；⑤严禁上下抛掷物品；⑥高处作业应使用工具袋；⑦用安全围栏将检修电间与相邻带电间隔离，安全围栏向内悬挂适量"止步，高压危险！"的标示牌，出入口设置安全遮栏并分别悬挂"从此进出""在此工作"的标示牌；⑧作业人员必须在规定的区域内工作，按照规定的通道行走，严禁未经允许在区域内活动。任何人不得随意移动，跨越安全遮栏、标示牌，严禁扩大工作范围；⑨在工作前，由工作负责人向工作班成员进行安全交底，交代工作地点、工作内容、危险点、安全措施，带电部应办履行确认手续，在作业过程中加强监护，必要时设专人负责监护；⑩设备不停电时的安全作业距离：750kV大于8米，330kV大于4米，220kV大于3米，110kV大于1.5米，35kV大于1米，10kV大于0.7米	①一次检修作业：查检修设备接地，是否在接地线保护范围内；查作业人员是否采取防护措施（SF$_6$ 设备解体作业及SF$_6$ 补气、放气时）；查远方控制回路是否全部断开（断路器、隔离开关检修时）；查禁止操作的刀闸、开关、接地点，工作地点，检修人员出入口，工作地点是否设有安全标志；查开关柜一侧带电，是否采取下触头柜门侧带电，查检修户外设备有感应电风险时，是否使用个人保安线或临时接地线，查高压电缆、电容器等容性设备试验过程中，更换试验引线时，是否先对设备充分放电，作业人员是否戴好绝缘手套	①深基坑内行通道内有杂物且周边未设可靠围栏；②作业人员在未铺满脚手板的脚手架上电焊作业且脚手板两端未支撑杆可靠固定；③脚手架作业层脚手板未固定，作业人员高空作业安全绳采用低挂高用的方式；④作业人员安全带拉杆处从脚手架外攀爬
	有限空间			
	机械伤害			
	人身触电			
	物体打击			

071

续表

类别	风险点	风险预控措施	督查内容 督查重点	典型违章
设备安装和更换	火灾	⑪检修用电源应使用检修电源箱(或动力箱)电源，不得使用运行中的端子箱电源，用电设备应进行可靠接地或接零保护 ⑫在检修电源箱接取检修电源时，必须有人监护，应由两人进行 ⑬在接入电源时，应先用万用表测量无电压，在确保没有电压情况下方可接入电源，在确保安全后方可送电 ⑭应戴手套接取工具，使用绝缘化工具，注意随时检查绝缘是否完好 ⑮检修电源所用电缆穿过路面时，应铺设专用电缆线槽减速带 ⑯使用三级配电箱时，四周应设围栏，配电箱应可靠接地并配备足够的灭火器，铺设绝缘垫，箱门应配锁并指定专人负责，定期进行检查，孔洞反时进行封堵 ⑰现场使用电源线盘需按照相关标准，规范执行，电动工具应做到"一机一闸一保护"，一个电缆盘只能同时使用一种电动工具 ⑱必要时使用个人保安线，个人保安接地截面积不得小于16平方毫米 ⑲车辆接地线，接地线截面积不得小于16平方毫米，接地线应采用编织软铜线并有绝缘皮包裹，不得采用其他导线代替，车辆接地应可靠接地	②电气试验：查试验装置的金属外壳是否可靠接地，是否采用专用高压试验线，是否使用绝缘规范设置围栏，是否使用绝缘物支撑固定；查试验现场是否规范设置围栏，被试设备两端不在同一地点时，另一端是否派人看守；查加压过程中是否有人监护呼唱，操作人是否站在绝缘垫上；查变更接线或试验结束时，是否首先断开试验电源，放电，并将升压设备的高压部分放电，短路接地 ③高处作业：查在5级及以上的大风和暴雨、雷电、冰雹、大雾、沙尘等恶劣天气下的工作现场是否停止露天高处作业；查高处作业人员是否正确使用全方位安全带，在转移作业位置时是否失去安全保护；查安全带的挂钩或绳子是否挂在结实牢固的构件上或专为挂安全带用的钢丝绳上，是否采用低挂高用的方式；查绝缘梯是否合格，使用是否规范，查作业人员上下脚手架是否走斜道或梯子(禁止沿脚手杆或栏杆等攀爬)	①作业现场使用的手持切割机砂轮无防护罩 ②切割作业时，操作人员未佩戴护目镜、防护手套
	设备损坏			现场临时电源箱未接地
	接取检修电源触电			工(器)具浮搁在台架变压器边缘
	感应电伤人			
	多班组工作，防止交叉作业			临近带电设备使用吊车，操作室无绝缘垫且灭火器不合格

072

模块 4　变电一次检修作业风险管控

续表

类别	风险点	风险预控措施	督查重点	督查内容	典型违章
设备安装和更换	吊车（高空作业车）与带电设备安全距离不足，吊车、吊车（高空作业车）过负荷工作，吊车（高空作业车）倾倒	⑳测试仪器应可靠接地（无接地要求的仪器可不接地）。测试线上端与设备连接前，应与构架接地电可靠连接。㉑测试完成后，应用接地线对被试设备放电设备方向拉，避免设备磕碰、损坏。㉒吊装过程中，设置揽风绳控制方向，缆风绳向远离设备方向拉，避免设备磕碰、损坏。㉓吊装过程中，指挥人员、监护人员应在能全面观察整个作业范围及吊车司机和司索人员的位置。任何工作人员发出紧急信号，必须停止吊装作业。作业环境复杂时应使用对讲机沟通。㉔吊车（高空作业车）应经检验，检测机构应经专业技术培训，格，满足进场资质条件。㉕吊车（高空作业车）操作人员应经专业技术培训，持有相应作业资格证并对所操作车辆类型符合。㉖吊车（高空作业车）人场前应进行常规性检查，对制动器、限位器、斗臂、支腿缸、水平仪、力矩限制器及底座转盘等安全装置进行检查，确保各种安全保护装置齐全、有效，车辆状态良好。㉗吊车（高空作业车）人场、转场、离场时，应设专人引导，按指定路线低速慢行，车速不大于 5km/h；车辆外廓与带电设备保持足够的安全距离：750kV 大于 6.7 米，330kV 大于 3.25 米，220kV 大于 2.55 米，110kV 大于 1.65 米，35kV 大于 1.15 米，10kV 大于 0.95 米	④起重作业：查遇有 6 级以上大风时，是否开展露天起重工作；查遇有大雾、照明不清等工作地点或起重机操作人员未获有效指挥时，是否开展起重作业；查起重物件是否绑扎牢固，工作负荷是否超过铭牌规定，起重带电设备区域时是否由专人统一指挥；查在带电设备区域时汽车吊、斗臂车时，车身是否使用截面不小于 16 平方毫米的软铜线可靠接地；查起重使用的钢丝绳钩装置是否完好，吊装带、钢丝绳钩装置（套）等起重工器具是否符合要求；查起重机上是否备有合格灭火装置，驾驶室内是否铺豫胶绝缘垫	电源箱接地不可靠 作业人员拆除接地线时未戴绝缘手套 ①起吊使用的钢丝绳捆绑接长度不足；②利用挖掘机吊物目起吊过程中行走，吊物未绑扎牢固；③现场吊车支撑不稳固或支腿倾斜、下陷。现场挖掘范围内，机旋转或有其他施工人员作业

073

续表

类别	风险点	风险预控措施	督查重点	督查内容	典型违章
设备安装和更换		㉘吊车（高空作业车）转场时，应收起斗臂、支腿，严禁斗臂伸开时转移 ㉙吊车（高空作业车）应置于坚实的平面上，能确保支撑腿完全撑开，确保整车倾斜角度不超过制造厂规定值；支撑腿与边缘距离不小于沟、坑边距离的1.2倍，否则应采取防倾、防塌措施，如果地面不能满足要求，应采取必要的应对措施，如增加枕木、铺设钢板等 ㉚严格按照铭牌和参数要求开展高空工作，严禁超负荷作业；吊车（高空作业车）应可靠接地，接地线为多股软铜线，截面不小于16平方毫米 ㉛吊车（高空作业车）作业时应与带电设备保持足够的安全距离：750kV大于11米，330kV大于7米，220kV大于6米，110kV大于5米，35kV大于4米，10kV大于3米 ㉜各负责人及时履行人员变更手续，加强监护 ㉝作业地点存在多班组同作业时，各负责人应相互告知，必要时做好提醒工作，避免交叉作业 ㉞开展试验工作前，总检修人员、总负责人应将试验区域的其余工作票收回，确认检修人员已撤离，防止交叉作业 ㉟动火作业应有专人监护，动火作业前应清除动火现场及周围的易燃物品，或者采取其他有效的安全防火措施，配备足够的、适用的消防器材	⑤动火作业：查焊接、切割作业及喷灯、电钻、砂轮等是否正确使用变电站一级、二级动火工作票；查动火作业是否设专人监护并备有必要的消防器材；查动火作业后是否及时清理现场并消除残留火种；查风力超过5级时，是否露天进行焊接或切割工作，是使用中的氧气瓶和乙炔气瓶的放置是否规范 ⑥临时用电：查检修动力电源箱的支路开关是否加装剩余电流动作保护器；查试验用闸刀是否有熔丝并带罩，被检修设备及试验仪器是否从运行设备上直接取试验电源，熔丝配合是否适当；查移动电源，移动式电动机械、手持电动工具电源线与电源系统是否匹配	

续表

类别	风险点	风险预控措施	督查内容	
			督查重点	典型违章
设备安装和更换		㊱使用中的氧气瓶和乙炔气瓶应垂直固定放置，氧气瓶和乙炔气瓶的距离不得小于 5 米，气瓶的放置地点不准靠近热源，应距明火 10 米以外 ㊲动火应严格执行相关安全规定，防止火灾事故。动火时按规定严格执行动火工作票，现场配备灭火器；注意火焰喷口不能对着人体，防止伤人，做好安全防护措施 ㊳检修场地周围应无可燃或爆炸性气体，液体或引燃火种，否则应采取有效的防范措施和组织措施 ㊴有限空间作业应严格遵守"先通风、再检测、后作业"的原则。检测含氧量在 19.5%～23.5%之间后，方可进行作业。作业过程中，专责监护人不得离开现场	⑦有限空间作业：查电缆隧道是否有充足的照明并有防火、防水、通风措施；查进入电缆井、电缆隧道等有限空间前，是否"先通风、再检测、后作业"；查电缆井、隧道内工作时，通风设备是否保持常开；在通风条件不良的电缆隧道（沟）内进行长距离巡视时，作业人员是否携带便携式有害气体测试仪及自救呼吸器	
设备部件维修与更换	高处坠落、高空坠物	①登高作业，正确使用安全带，严禁安全带低挂高用、悬挂瓷瓶 ②在高处进行转移时严禁失去保护 ③使用的梯子应支垫坚固完整，安放牢固，使用梯子时有人扶持 ④上下传递物品正确使用绳索 ⑤严禁上下抛掷物品 ⑥高处作业应使用工具袋 ⑦用安全围栏将检修间与相邻带电间隔隔离，安全围栏向内悬挂适量"止步，高压危险！"的标示牌，出入口设置在道路边并分别悬挂"从此进出"、"在此工作"标示牌	①一次检修作业：查检修设备是否可靠接地，查作业人员是否采取防护措施（SF₆设备解体作业及 SF₆补气、放气时），查远方控制回路是否全部断开（断路器、隔离刀开关检修时）；查禁止操作间、开关、检修人员出入口工作地点、禁登标志；查开关柜内上、下触头任一侧带电，禁止打开柜门的安全措施；查开关设备有感应电风险时，是否先对设备充分放电，作业人员是否戴好绝缘手套；查高压电缆、电容器等试验引线时，是否在保安保护个人安全线或试验时接地线，更换试验引线时，是否先对设备充分放电，作业人员是否戴好绝缘手套	①移动高处作业平台时，作业平台上人员未撤离 ②作业人（器）具浮搁在横担上 ③平台脚手板未满铺，脚手板未固定 ④作业人员未将安全带挂在牢固部件上

075

续表

类别	风险点	风险预控措施	督查重点	督查内容	典型违章
设备部件维修与更换	机械伤害	⑧作业人员必须在规定的区域内工作，按照划定的通道行走，严禁在未经允许区域内活动。任何人不得随意通动，跨越现场安全遮栏、标示牌。任何人不得单独工作，严禁扩大工作范围 ⑨在工作前，由工作负责人向工作班成员进行安全交底，交代设备工作地点、工作内容、危险点、安全措施、带电部位并履行确认手续，在作业过程中加强监护，必要时设专人负责监护	②电气试验：查试验装置的金属外壳是否可靠接地，是否采用专用高压试验线，是否使用绝缘物支撑固定；查试验现场是否规范设置遮栏或围栏，被试设备两端不在同一地点时另一端是否派人看守；查加压过程中是否有人监护并呼唱，操作人是否站在绝缘垫上；查变更接线或试验结束时，是否首先断开试验电源，放电并将升压设备的高压部分放电、短路接地	①作业使用的切割机未设置砂轮防护罩 ②切割作业操作人员正面且未戴防护眼镜
	人身触电	⑩设备不停电时的安全作业距离：750kV大于8米，330kV大于4米，220kV大于3米，110kV大于1.5米，35kV大于1米，10kV大于0.7米 ⑪检修使用电源应使用检修电源箱（或动力箱）电源，不得使用运行中的端子箱电源，用电设备应进行可靠接地或接零保护	③高处作业：查在5级及以上的大风和暴雨、雷电、冰雹、大雾、沙尘暴等恶劣天气下的工作现场是否停止高处作业；查高处作业人员安全带位置是否正确使用是否失去安全保护；查安全带使用是否挂钩或绳子是否挂在牢固的构件上或专用于挂安全带用的钢丝绳上，是否采用高挂低用的方式；查绝缘梯是否合格，使用是否规范；查作业人员上下脚手架是否走斜道（禁止沿扶手杆或栏杆等攀爬）	使用的电动液压油泵未接地
	物体打击	⑫在检修电源箱接取检修电源时，必须有人监护，由两人进行			
	火灾	⑬在接入电源时，应先用万用表测量有无电压，在确保没有电压情况下方可接入电源，使用绝缘化工具，在隐蔽时检查绝缘手套是否完好			基础开挖未落实防坍塌、防雨措施
	设备损坏	⑭应戴好手套接取电源，检修电源所用电缆穿过路面时，应铺设专用电缆线槽减速带			

续表

类别	风险点	风险预控措施	督查重点	典型违章
设备部件维修与更换	接取检修电源触电	⑯使用三级配电箱时，四周应设围栏，配电箱应可靠接地并配备足够的灭火器，铺设绝缘垫，箱门应配锁并专定专人负责，定期进行检查，孔洞及时进行封堵 ⑰现场使用电源线路需按照相关标准，规范执行，一个电缆盘只能同时使用一种电动工具 ⑱必要时使用个人保安线，个人保安线应取用"一机一闸一保护"设备	④起重作业：查是否有6级以上大风时，是否开展露天起重工作；查遇有大雾、照明不足、指挥人员或操作人员看不清各工作地点或起重机操作人员未获有效指挥时，是否开展起重作业；重物搬运时是否绑扎牢固，工作负荷是否超过铭牌规定，起重搬运时是否由专人统一指挥；查在带电设备区域内使用汽车吊、斗臂车时，汽车车身是否使用截面不小于16平方毫米的软铜线可靠接地；查使用的吊钩防脱钩装置是否完好，吊装带、钢丝绳(套)等起重工(器)具是否符合要求；查起重机、驾驶室内，驾驶室铺橡胶绝缘垫，是否铺有合格不易燃物品	①临时施工电源管理不规范，未配置漏电保护器 ②施工用电"多机一闸" ③电机外壳、配电箱门未接地
	感应电伤人	⑲车辆接地线，接地线截面积不得小于16平方毫米，接地线应采用编织软铜线并包裹绝缘皮，车辆接地线应可靠接地，导线代替，不得采用其他 ⑳测试仪器应可靠接地(无接地要求的仪器可不接地)。与测试仪器上端与仪器连接前，应与开关接地电可靠连接 ㉑测试完成后，应用接地线对被试设备放电		带电运行场区使用钢卷尺
	吊车(高空作业车)与带电设备安全距离不足，吊车(高空作业车)过负荷工作，吊车(高空作业车)倾倒	㉒吊装过程中设置风绳控制方向，缆风绳向远离设备方向，下端未与设备碰撞，损坏 ㉓吊装过程中，指挥人员、监护人员和司索人员应站在能全面观察整个作业范围及吊车司机的位置。任何工作人员应发出紧急信号，必须停止吊装作业 ㉔吊车(高空作业车)应使用对讲机沟通 ㉕吊车(高空作业车)应经检验、检测机构检验合格，满足进场资质条件		①汽车式起重机支腿使用枕木时未全压实且长度小于1.2米 ②利用挖掘机吊物目未绑扎牢固，未垫防滑衬垫 ③吊车悬吊重物期间，驾驶人员离开驾驶室

续表

类别	风险点	风险预控措施	督查重点	督查内容	典型违章
设备部件维修与更换		㉕吊车（高空作业车）操作人员应经专业技术培训，持有相应作业资格证并操作车辆类型符合 ㉖吊车（高空作业车）入场前应进行常规性检查，对制动器、限位器、斗臂、支腿缸、水平仪、力矩限制器及底座转盘等安全装置进行检查，确保各种安全保护装置齐全、有效，车辆状态良好 ㉗吊车（高空作业车）入场、转场、离场，车速不大于5km/h；车辆人引导，按指定路线低速慢行，车速不大于6.7米，330kV大于3.25米，220kV大于2.55米，110kV大于1.65米，35kV大于1.15米，10kV大于0.95米 ㉘吊车（高空作业车）转场时，应收起斗臂、支腿，严禁斗臂伸开时转移 ㉙吊车（高空作业车）应置于坚实平整的平面上，能确保支撑腿完全撑开，确保整车倾斜角度不超过制造厂规定值；支撑腿与沟、坑边缘距离不小于沟、坑深度的1.2倍，否则应采取切实可行的防坍塌措施，如果地面不能满足要求，应采取必要的应对措施，如增加枕木、铺设钢板等 ㉚严格按照铭牌和参数要求开展高空工作，严禁超负荷作业；吊车（高空作业车）应可靠接地，接地线为多股软铜线，截面不小于16平方毫米 ㉛吊车（高空作业车）高空作业时应与带电设备保持足够的安全距离：750kV大于11米，330kV大于7米，220kV大于6米，110kV大于5米，35kV大于4米，10kV大于3米	⑤动火作业：查焊接、切割作业及喷灯、电钻、砂轮等是否正确使用；变电站一级、二级动火工作票；查动火作业是否设专人监护并备有必要的消防器材；查动火作业后是否及时清理现场开消除残留火种；查风力超过5级时，是否露天进行焊接或切割工作，是使用中的氧气瓶和乙炔气瓶的放置是否规范 ⑥临时用电：查检修动力电源箱的支路开关是否加装剩余电流动作保护器；被检修设备上直接取试验电源、熔丝配行设备上直接取试验仪器是否有格丝并从运是否适当；查移动电源，移动式电动机械、手持电动工具电源线与电源系统是否匹配	

078

模块 4　变电一次检修作业风险管控

续表

类别	风险点	风险预控措施	督查内容	
			督查重点	典型违章
设备部件维修与更换		㉜各负责人及时履行人员变更手续，加强监护 ㉝作业地点存在多班组共同作业时，各负责人应相互告知，必要时做好提醒工作，避免交叉作业 ㉞开展试验工作前，总工作负责人应将试验区域的其余分工作票收回，确认检修人员已撤离，防止交叉作业 ㉟动火作业应有专人监护，动火作业前应清除动火现场及周围的易燃物品，或者采取其他有效的安全防火措施，配备足够的、适用的消防器材 ㊱使用中的氧气瓶和乙炔气瓶应垂直固定放置，氧气瓶和乙炔气瓶的距离不得小于 5 米，气瓶的放置地点不准靠近热源，应距离明火 10 米以外 ㊲动火作业应严格执行相关安全规定，防止火灾事故。动火时按规定使用动火工作票，现场配备灭火器；注意火焰喷口不能对着人体，防止伤人，做好安全防护措施 ㊳检修场地周围应采取有效的防范措施和组织措施，防止可燃或爆炸性气体、液体或引燃火种，否则应严格遵守"先通风，再检测，后作业"的原则。检测含氧量在 19.5%～23.5%之间后，方可进行作业。作业过程中，专责监护人不得离开现场 ㊴有限空间作业应遵守"先通风，再检测，后作业"的原则	㊲有限空间作业：查电缆隧道是否有充足的照明并有防水、防火、通风措施；查进入电缆井、电缆隧道等有限空间前，是否"先通风，再检测，后作业"；查电缆隧道是否保持常开；在通风设备的电缆隧道（沟）内进行工作时，通风不良的电缆隧道（沟）内进行长距离巡视时，作业人员是否携带便携式有害气体测试仪及自救呼吸器	

079

续表

类别	风险点	风险预控措施	督查内容 督查重点	典型违章
设备诊断性检查与试验	高处坠落、高空坠物	①现场再次核查停电，对母线与变、线路未同时停电，拉手线路或低压侧分布式电源接入等存在返送电可能的线路，应立足辨识带电部位和危险点，采取针对性安全措施加以防范。②设备试验工作不得少于2人。试验作业前，必须规范设置安全隔离区域，向外悬挂"止步，高压危险！"的标示牌并派人看守。被试设备两端不在同一地点时，两端还应派人看守。严禁非作业人员进入。设备试验时，将所要试验的设备与做好电源屏或检修箱电源盘，另一严禁使用绝缘破损的电源线。用电设备通电过程中，试验人员不得中途离开。工作结束后应先检查试验接地，设备被充电时，试验接地线、电容器等引线拆除，必须将设备的移动式保护器拆开。③检修试验应从试验屏或检修箱电源取得，试验设备与被检修电源点距离超过3米的，必须使用绝缘破损的电源线。用电设备通电过程中，试验人员不得中途离开。④高压试验前应设试验接地。工作结束后应先检查试验接地，设备被充电时，验负责人许可。加压过程中应有人监护并呼唱，表计状态并取得试验负责人许可。加压过程中应有人监护并呼唱，操作人员站在绝缘垫上。设备通电中，试验人员不得中途离开。⑤变更试验接线前或试验结束时，应及时断开试验电源并对测试设备充分放电，升压试验设备的高压部分短路接地	①一次检修作业：查检修设备各侧是否可靠接地；查作业人员是否采取防护范围内；查设备解体作业时，SF₆补气、放气时）；查远方控制回路是否全部断开（断路器、隔离开关检修时）；查禁止操作的刀闸、开关，检修人员出入口、工作地点、工作点是否设有安全标志；查开关柜内上、下触头任一侧有安全措施，是否采取禁止打开柜门的安全措施，查检修户外设备有感应电风险时，是否使用个人保安线或临时接地线、查高压电缆、电容器等引线时，是否先对设备试验过程中更换试验引线时，作业人员是否戴好绝缘手套，放电时	作业人员将断线钳、绝缘拉杆等搁在横担上 ①高压试验四周未设置安全围栏 ①工作现场四周未设置安全围栏 ②电缆试验全过程中，操作人未使用绝缘手套 ③现场未按工作票要求悬挂标示牌 ④高压试验操作人员未戴绝缘手套，手持接地棒防感应电时，有效绝缘长度小于700毫米
	有限空间			
	机械伤害			
	触电			
	绝缘击穿			
	感应电伤人			

080

续表

类别	风险点	风险预控措施	督查重点 督查内容	典型违章
设备诊断性检查与试验		⑥耐压、局放试验时必须有监护人监视操作,操作人员应穿绝缘鞋,升压前后必须调压器可靠回零并告知有关人员密切注意被试品。升压过程中,升压速度应平稳并密切注意有关仪表和设备情况,发现异常原因后方可继续试验,进行放电,停止试验,待查明原因后方可继续试验。 ⑦装、拆试验接线应在接地保护范围内,戴线手套,穿绝缘鞋。在绝缘垫上加压操作,与加压设备保持足够的安全距离 ⑧更换试验接线前,应对测试设备充分放电 ⑨高处作业应正确使用安全带,作业人员在转移作业位置时不准失去安全保护 ⑩试验短接线应统一规范制作,颜色鲜明,按作业班组统一编号,禁止使用细铜丝、铝丝等为短接线。试验短接线由工作小组负责人统一管理,所有试验短接线编号应登记在标准卡上,工作结束后由小组负责人进行清点回收 ⑪在进行断路器手车回路电阻试验时,电流测试线不得夹在触指弹簧上 ⑫设备钻芯检查前必须充分通风且测试含氧量不低于18%方可进入。内检为两个人,一个人在外部,要不断与内部人员沟通,保证安全 ⑬进箱内检人员需穿防滑绝缘靴,移动过程高缓慢进行,落脚前先试探落脚点是否稳固不滑。内检人员必须全程正确佩戴安全帽,时刻注意周围环境,预防物体打击	②电气试验:查试验装置金属外壳是否可靠接地,是否采用专用高压试验线,是否使用绝缘支撑物固定;查试验现场是否规范设置遮栏或围栏,被试设备两端不在同一地点时是否有人监护并呼唱,操作人是否站在绝缘垫上;查变更接线或试验结束时,是否首先断开试验电源、放电并将升压设备的高压部分放电、短路接地 ③高处作业:查在5级及以上的大风和暴雨、雷电、冰雹、大雾、沙尘暴等恶劣天气下的工作现场是否停止露天高处作业;查高处作业人员是否正确使用全方位安全带,在转移作业位置时是否失去安全保护;查安全带的挂钩或绳子是否拴在结实牢固的构件上或是否采用专为挂安全带用的钢丝绳上,是否用高挂低用的方式;查绝缘梯是否合格,使用是否规范,查作业人员上下脚手架是否走斜道或梯子(禁止沿脚手杆或护栏杆等攀爬)	

081

续表

类别	风险点	风险预控措施	督查重点	督查内容	典型违章
设备诊断性检查与试验		⑭用安全围栏将检修间隔与相邻带电间隔隔离，安全围栏内悬挂适量"止步，高压危险！"的标示牌，出入口设置在道路边并分别悬挂"从此进出""在此工作！"的标示牌 ⑮作业人员必须在规定的区域内工作。按照规定的通道行走，严禁在未经允许区域内活动。任何人不得随意移动、跨越现场安全遮栏、标示牌。任何人不得单独工作，严禁扩大工作范围 ⑯在工作间，由工作负责人向工作班成员进行安全交底，交代工作地点、工作内容、危险点、安全措施、带电部位并履行确认手续，在作业过程中加强监护，必要时设专人负责监护 ⑰设备不停电时的安全作业距离：750kV大于8米，330kV大于4米，220kV大于3米，110kV大于1.5米，35kV大于1米，10kV大于0.7米	④临时用电：查检修动力电源箱的支路开关是否加装剩余电流动作保护器；查试验用闸刀是否有熔丝并带护罩；被试验设备及试验仪器是否正常运行设备上直接取试验电源、移动式电动机械、手持电动工具电源线与电源系统是否匹配 ⑤有限空间作业：查电缆隧道是否有充足的照明并有防火、防水、通风措施；查进入电缆井、电缆隧道等有限空间前，是否"先通风、再检测、后作业"，查电缆井、隧道内工作时，通风设备是否保持常开；在通风条件不良的电缆隧道（沟）内进行长距离巡视时，作业人员是否携带便携式有害气体测试仪及自救呼吸器	

082

模块 4　变电一次检修作业风险管控

续表

类别	风险点	风险预控措施	督查重点	督查内容	典型违章
设备例行检修与试验	高处坠落、高空坠物	①一次设备试验工作不得少于 2 人。试验作业前，必须规范设置安全隔离区域，向外悬挂"止步，高压危险！"的警示牌；设专人监护，严禁非作业人员进入。设备试验时，应将所用安全装置及试验设备与相邻带电设备做好物理隔离措施 ②调试过程中，试验电源应从试验电源屏内取得，严禁使用带电破损的电源线。用电设备与试验电源点距离超过 3 米的，必须使用带漏电保护器的移动式电源箱取电。试验设备和被试设备应可靠接地。高压引线应尽量短，应用绝缘带固定好 ③高压试验前应先检查试验结线，表计状态并取得试验负责人许可。加压过程中应有人监护并高声呼唱，操作人员应站在绝缘垫上。设备通电试验过程中，试验人员不得中途离开 ④变更试验接线或试验结束时，应及时断开试验电源并对设备充分放电，升压设备临时接地线、个人保安线等安全措施，是否先对设备充分放电，电容器等容性设备试验过程中，更换试验引线时，是否戴好绝缘手套 ⑤表、拆试验接线应在接地保护范围内，戴绝缘手套，穿绝缘鞋。在绝缘垫上加压操作，与加压设备保持足够的安全距离 ⑥高处作业应正确使用安全带，作业人员在转移作业位置时不准失去安全保护	①一次检修作业：查检修设备各侧是否可靠接地，是否在接地线保护范围内；查作业人员是否采取防护措施（SF$_6$ 设备解体作业及 SF$_6$ 补气、放气时）；查检修回路是否全部断开（断路器、隔离开关检修时），查接路器、隔离开关是否采取防误动措施；禁止操作刀闸、开关，检修人员出入口、工作地点、禁登设备及危险工作点是否有安全标志；查开关柜内是否打开柜门的安全措施，查检户外设备有感应电风险时，是否使用个人保安线或临时接地线，查高压电缆、电容器等容性设备试验过程中，更换试验引线时，作业人员是否戴好绝缘手套	①高处作业时未将所用的工具和材料放在牢固的构件上、抛掷工具及材料 ②使用不合格的安全工(器)具
	机械伤害				使用砂轮切割时，未戴防护眼镜
	触电				①操作机械传动的开关或刀闸，未戴绝缘手套 ②试验人员未站在绝缘垫上
	感应电伤人				接地线连接不可靠

083

续表

类别	风险点	风险预控措施	督查内容	
			督查重点	典型违章
设备例行检修与试验		⑦用安全围栏将检修格间隔离与相邻带电间隔隔离,安全围栏向内悬挂适量"止步,高压危险!"的标示牌,出人口设置向道路边分别悬挂"从此进出""在此工作"的标示牌 ⑧作业人员必须在规定的区域内工作,按照规定的通道行走,严禁在未经允许区域内活动。任何人不得随意移动、跨越现场安全遮栏、标示牌。任何人不得单独工作,严禁扩大工作范围 ⑨在工作前,由工作负责人向工作班成员进行安全交底,交代工作地点、工作内容、危险点、安全措施,带电部位并履行确认手续,在作业过程中加强监护,必要时设专人负责监护 ⑩设备不停电时的安全作业距离:750kV大于8米,330kV大于4米,220kV大于3米,110kV大于1.5米,35kV大于1米,10kV大于0.7米	②电气试验:查试验装置的金属外壳是否可靠接地,是否采用专用高压试验线,是否使用绝缘物支撑固定;查试验现场是否规范设置遮栏或围栏,被试设备两端不在同一地点时另一端是否派人看守;查加压过程中是否有人监护并呼唱,操作人是否站在绝缘垫上;查变更接线或试验结束时,是否首先断开试验电源,放电并将升压设备的高压部分放电、短路接地 ③高处作业:查在5级及以上的大风和暴雨、雷电、冰雹、大雾、沙尘暴等恶劣天气下的工作现场是否停止露天高处作业;查高处作业人员是否正确使用全方位安全带,在转移作业位置时是否失去安全保护;查安全带的挂钩或绳子是否挂在牢固的构件上或专为挂安全带用的钢丝绳上,是否采用高挂低用的方式;查绝缘梯是否合格,使用是否规范;查作业人员上下脚手架是否走斜栏道(禁止沿脚手杆或斜栏杆等攀爬)	

084

续表

类别	风险点	风险预控措施	督查内容	
			督查重点	典型违章
设备例行检修与试验			④临时用电：查检修动力电源箱的支路开关是否加装剩余电流动作保护器；查试验设备及试验仪器是否带电、被检修设备上是否有熔丝并运行设备适当；查移动电源、移动式电动机械、手持电动工具电源线与电源系统是否匹配	
设备油、气处理	中毒、窒息	①施工现场气瓶应直立放置并有防倾倒的措施，气瓶应远离热源和油污的地方或受阳光暴晒、受潮的地方，不得与其他气瓶混放 ②断路器进行充气时，必须使用减压阀，人员应站在充气口的侧面或上风口 ③对于户内设备，然后监测工作区域空气中SF₆气体含量不得超过15分钟，含氧量大于18%，方可进入 ④户内充气或回收时，应将门窗及排气扇打开，作业人员应不间断巡视，随时查看排风装置运转是否正常，空气是否流通。如有异常，立即停止作业，组织作业人员撤离现场。再次进入时，应佩戴防毒面具或正压式空气呼吸器 ⑤冬季施工时，气瓶严禁明火加热	①一次检修作业：查检修设备各侧是否可靠接地，是否在接地线保护范围内；查作业人员是否采取防护措施（SF₆设备解体作业及SF₆补气、放气时）；查断路器回路开关是否全部断开（断路器、隔离开关检修时）；查禁止操作的刀闸、开关、检修人员出入口、工作地点、警告等标志；查开关柜工作点是否设有安全标志，是否带电，下触头一侧带电，禁止打开柜门时的安全措施，查检修户外设备有感应电风险；是否使用个人保安线或临时接地线，是高压电缆、电容器等试验或引线时，是否无对设备试验过程中，更换等性设备试验过程中，作业人员等性引线时，是否戴好绝缘手套	未规范填写有限空间气体检测记录
	有限空间			

续表

类别	风险点	风险预控措施	督查重点	督查内容	典型违章
设备油、气处理	气瓶倾倒伤人	⑥充气前，应对充气管道和接头进行清洁。充气时，充气速度不宜过快，在离跌落基准面1.5米以上的高位设备气室补充SF₆气体工作时，系好安全带 ⑦合理安排油罐、油桶、管路、滤油机、油泵等工（器）具放置位置并与带电设备保持足够的安全距离	②电气试验：查试验装置的金属外壳是否可靠接地，是否采用专用高压试验线，是否使用绝缘物支撑固定；查试验现场是否规范设置遮拦或围栏，被试设备两端不在同一地点时另一端是否派人看守；查加压过程中是否有人监护并呼唱，操作人是否站在绝缘垫上；查变更接线或试验结束时，是否首先断开试验电源，放电并将升压设备的高压部分放电、短路接地 ③高处作业：查在5级及以上的大风和暴雨、雷电、冰雹、大雾、沙尘暴等恶劣天气下的工作现场是否停止露天高处作业；查高处作业人员是否正确使用全方位安全保护，在转移时安全装置是否失去安全保护；查作业带的挂钩或绳子是否在任结实牢固的构件上或专为挂安全带用的钢丝绳上，是否采用高挂低用的方式；查绝缘梯是否合格，使用是否规范，作业人员上下脚手架是否走斜道或沿梯子爬（禁止沿脚手杆或栏杆等攀爬）	①动火作业现场使用的气瓶未固定 ②现场使用的液化气罐未安装减压器
	渗漏油	⑧抽真空及真空注油过程应专人负责。抽真空变压器设备应有电磁式逆止阀，防止液压倒灌进入变压器本体。禁止使用麦氏真空计 ⑨在注油过程中，变压器本体应可靠接地，防止产生静电			现场的滤油机接地线装设处油漆未清除
	环境污染	⑩注油和补油时，作业人员应打开变压器各处放气塞放气，气塞出油后应及时关闭并确认通在油枕管路阀门已经开启 ⑪动火作业应有专人监护。动火作业前应清除动火现场及周围的易燃物品，适用有效的安全防火材料及周围的易燃物品，适用的消防器材			现场的汽油、柴油等挥发性物品未存放在专用区域内
	火灾	⑫使用中的氧气瓶和乙炔气瓶应垂直固定放置，氧气瓶和乙炔气瓶的距离不得小于5米，气瓶的放置地点不准靠近热源，应距明火10米以外 ⑬动火应严格执行相关安全规定，防止火灾事故。动火时，按规定使用动火工作票，现场配备灭火器；注意火焰喷口不能对着人体，防止伤人，做好安全防护措施 ⑭检修场周围应采取有效的防范措施和组织措施火种，否则应采取有效的防范措施和组织措施			易燃作业现场未配备消防器材或灭火器欠压

模块 4　变电一次检修作业风险管控

续表

类别	风险点	风险预控措施	督查内容		典型违章
			督查重点		
设备油、气处理		⑮有限空间作业应严格遵守"先通风、再检测、后作业"的原则。检测含氧量在19.5%～23.5%之间后，方可进行作业。作业过程中，专责监护人不得离开现场	⑭动火作业：查焊接、切割作业及喷灯、电钻、砂轮等是否正确使用变电站一级、二级动火工作票；查动火作业是否设专人监护并有必要的消防器材；查动火作业后是否及时清理现场并消除残留火种；查风力超过5级时，是否露天进行焊接或切割工作；查使用中的氧气瓶和乙炔气瓶的放置是否规范 ⑮临时用电：查检修动力电源箱的支路开关是否加装剩余电流动作保护器；查试验用闸刀及试验仪器是否带罩，被检修设备及试验仪器是否从运行设备上直接取试验电源，熔丝配合是否适当；查移动电源、移动式电动机械、手持电动工具电源线与电源系统是否匹配 ⑯有限空间作业：查电缆隧道是否有充足的照明并有防火、防水、通风措施；查进入电缆井、电缆隧道等有限空间前，是否"先通风、再检测、后作业"；查电缆井、隧道内工作时，通风设备是否保持常开；在通风条件不良的电缆隧道（沟）内进行长距离巡视时，作业人员是否携带便携式有害气体测试仪及自救呼吸器		

087

续表

类别	风险点	风险预控措施	督查重点	督查内容	典型违章
设备专业巡视	人身触电	①巡视人员与高压带电部位保持足够的安全距离。设备不停电时的安全作业距离：750kV大于8米，330kV大于4米，220kV大于3米，110kV大于1.5米，35kV大于1米，10kV大于0.7米 ②有限空间作业应严格遵守"先通风、再检测、后作业"的原则。检测含氧量在19.5%～23.5%之间后，方可进行作业。作业过程中，专责监护人不得离开现场	查电缆隧道是否有充足的照明并有防火、防水、通风措施。查进入电缆井、电缆隧道等有限空间前，是否"先通风、再检测、后作业"。查电缆井、隧道内工作时，通风设备是否保持常开。在通风条件不良的电缆隧道（沟）内进行长距离巡视时，作业人员是否携带便携式有害气体测试仪及自救呼吸器		监控系统显示情况与现场实际情况不符
带电检测	人身触电	①带电检测进入配电室前申请停用AVC系统，避免电容器开关频繁操作故障导致人身伤害 ②首先检查开关柜设备无异响、过热等异常情况 ③带电检测时应提前通知通知调控人员，避免在检测期间进行开关设备远方操作 ④带电检测时人员与高压带电部位保持足够的安全距离。设备不停电时的安全作业距离：750kV大于8米，330kV大于4米，220kV大于3米，110kV大于1.5米，35kV大于1米，10kV大于0.7米 ⑤有限空间作业应严格遵守"先通风、再检测、后作业"的原则。检测含氧量在19.5%～23.5%之间后，方可进行作业。作业过程中，专责监护人不得离开现场	①电气试验：查试验装置的金属外壳是否可靠接地，是否采用专用高压试验线，是否使用绝缘物支撑固定；查试验现场是否规范设置遮栏或围栏，被试设备两端不在同一地点时，另一端是否派人看守；查加压过程中是否有人监护并呼唱，操作人是否站在绝缘垫上；查变更接线或试验结束时，是否首先断开试验电源，放电并将升压设备的高压部分放电、短路接地		①试验仪器的电源线直接插入插座内使用 ②试验设遮栏未装设遮栏 ③作业现场高压试验放电使用接地棒

088

模块 4　变电一次检修作业风险管控

续表

类别	风险点	风险预控措施	督查重点	典型违章
带电检测	人身伤害		②有限空间作业：查电缆隧道是否有充足的照明并有防火、防水、通风措施；查进入电缆井、电缆隧道等有限空间前，是否"先通风、再检测，后作业"；查电设备是否保持常开；在通风条件不良的电缆隧道（沟）内进行长距离巡视时，作业人员是否携带便携式有害气体测试仪及自救呼吸器	
附属设备检修（端子箱、电源箱）	人身触电	①用安全围栏将检修间隔离，安全围栏向内悬挂适量"止步，高压危险！"的标示牌，出入口设置在道路边并分别悬挂"在此工作"的标示牌 ②作业人员必须在规定的区域内工作，按照规定的通道行走，严禁在未经允许区域内活动。任何人不得随意移动、跨越现场安全遮栏、标示牌。任何人不得单独工作，严禁扩大工作范围 ③在工作前，由工作班负责人向工作班成员进行安全交底，交代设备工作地点、工作内容、危险点、安全措施、带电部位并履行确认手续，在作业过程中加强监护，必要时设专人负责监护 ④设备不停电时的安全作业距离：750kV大于8米，330kV大于4米，220kV大于3米，110kV大于1.5米，35kV大于1米，10kV大于0.7米	①查检修动力电源箱的支路开关是否加装剩余电流动作保护器 ②查试验用闸刀是否有熔丝并带罩，被检修设备上直接取试验电源，熔丝配合是否适当 ③查移动电源，移动式电动机械，手持电动工具电源线与电源系统是否匹配	

089

续表

类别	风险点	风险预控措施	督查重点	督查内容	典型违章
附属设备检修（端子箱、电源箱）	接取检修电源触电，多班组工作，防止交叉作业，交、直流短路接地	⑤检修用电源应使用检修电源箱（或动力箱）电源，不得使用运行中的端子箱电源，用电设备应进行可靠接地或接零保护 ⑥在检修电源箱接取检修电源时，必须有人监护，应由两人进行 ⑦在接入电源前，应先用万用表测量有无电压，在确保没有电压情况下方可接入电源，在确保安全后方可送电 ⑧应戴手套接取工具，使用绝缘化工具，注意随时检查绝缘是否完好 ⑨检修电源所用电缆穿过路面时，应铺设专用电缆线槽减速带 ⑩使用三级配电箱时，四周应设围栏，配电箱应可靠接地并配备足够的灭火器，铺设绝缘垫，箱门应配锁并指定专人负责，定期进行检查，孔洞及时进行封堵 ⑪现场使用电源线盘需按照相关标准、规范执行，电动工具应做到"一机一闸一保护"，一个电缆盘只能同时使用一种电动工具 ⑫各负责人及时履行人员变更手续 ⑬作业地点存在多班组共同作业时，各负责人应相互告知，必要时做好提醒工作，避免交叉作业 ⑭开展试验工作前，确认检修人员已撤离，防止交叉作业 ⑮二次拆接线时，做好绝缘包扎，工作中使用合格的绝缘工（器）具，防止交、直流短路接地			

模块 4 变电一次检修作业风险管控

续表

类别	风险点	风险预控措施	督查重点	督查内容	典型违章
一次电缆敷设和二次电缆敷设	人身伤害	①拆接二次电缆时，作业人员必须确定所拆电缆无电压并有监护人员监护下进行作业 ②拆接一次电缆时，作业人员必须用接地线逐相短路接地放电，确保无残余电荷并将电缆终端三相短路接地 ③施工区周围的一次、二次电缆孔洞应采取短路接地可靠的遮盖，防止人员摔伤 ④对手拉手线路或分布式接人电源接人等存在返送电可能的电缆线路，应立体辨识带电部位和危险点，采取针对性安全措施加以防范 ⑤拆接二次线时，应严格按照二次回路拆、接线记录进行并对相邻带电端子进行标示，遮盖和绝缘隔离。合理的使用绝缘工具，进行回路测量前应对所使用万用表的档位 ⑥母线与主变未同时停电时，应做好防止主变差动或母线差动保护误动的措施，宜将母差用间隔电流回路两端拆除并做好安全措施。回路试验前，工作负责人必须再次对该电流回路进行确认、核实	①一次检修作业：查检修设备各侧是否可靠接地，是否远方控制回路是否全部断开（断路器、隔离开关）；查远方控制回路是否全部断开；禁止操作的刀闸、开关、检修人员出人口、工作地点，禁登设备及危险工作点是否设有安全标志；查开关柜内上、下触头任一侧带电，是否采取禁止打开柜门的安全措施；查检修户外设备有感应电风险时，是否使用个人保安线或临时接地线；查高压电缆、电容器等试验性设备过程中，更换试验引线时，是否先对设备充分放电，作业人员是否戴好绝缘手套 ②电气试验：查试验装置的金属外壳是否可靠接地，是否采用专用高压试验线，是否使用绝缘物支撑固定，是否使用绝缘物支撑固定，被试验设备两端不在同一地点时，另一端是否有人监护不在呼唤，操作人员是否站在绝缘垫上；查变更接线或试验结束时，是否首先断开试验电源、放电并将升压设备高压部分放电、短路接地	现场电缆井未铺设符合安全要求的盖板或可靠的围栏，临边作业防护措施不到位
	有限空间作业	⑦在有限空间较差区域内作业应遵守"先通风、再检测、后作业"的原则。检测含氧量在 19.5%～23.5%之间后，方可进行作业。作业过程中，专责监护人不得离开现场			
	高处坠落、高空坠物				
	动火作业	⑧动火应严格执行安全规定，现场配备灭火器，办理动火工作票，防止着火人体、防止人伤，做好安全防护措施 ⑨动火时，按规定使用动火工作票，现场配备灭火器，焰喷口不能对着人体、防止人伤，做好安全防护措施			作业人员开展焊接作业时，未办理动火作业票，未戴护目镜

091

续表

类别	风险点	风险预控措施	督查内容 督查重点	典型违章
一次电缆敷设和二次电缆敷设	触电	⑩登高作业，正确使用安全带，严禁安全带低挂高用、悬挂瓷瓶 ⑪在高处进行转移时严禁失去保护 ⑫使用的梯子应坚固完整、安放牢固，使用梯子时有人扶持 ⑬上下传递物品正确使用绳索 ⑭严禁上下抛掷物品 ⑮高处作业应使用工具袋	③高处作业：查在5级及以上的大风和暴雨、雷电、冰雹、大雾、沙尘暴等恶劣天气下的工作现场是否停止露天高处作业；查高处作业人员是否正确使用全方位安全带，在转移作业位置时是否失去安全保护；查安全带的挂钩或绳子是否挂在牢固的构件上或专为挂安全带用的钢丝绳上，是否采用高挂低用的方式；查绝缘梯是否合格，使用是否规范；查作业人员上下脚手架是否走斜道或梯子（禁止沿脚手杆或栏杆等攀爬）	
	中毒、窒息		④临时用电：查检修动力电源箱的支路开关是否加装剩余电流动作保护器；查试验用闸刀是否有格丝并带护罩，被试设备及试验仪器是否有从运行设备上直接取试验电源，移动式电动机械、手持电动工具电源线与电源系统是否匹配	施工电源电缆沿地面明设，配电箱接进线电缆与箱体棱角接触且未采取保护措施
	误动运行设备		⑤有限空间作业：查电缆隧道是否有充足的照明并有防火、防水通风措施；查进入电缆井、电缆隧道等有限空间前，是否"先通风、后作业"，通风设备是否保持常开，再检测，通风不良的电缆隧道（沟）内进行工作时，作业人员是否保持常开；在进行长距离巡视时，作业人员测试仪及自救呼吸器携带式有害气体测试仪及自救呼吸器	

模块 5

变电二次检修作业风险管控

模块 5　变电二次检修作业风险管控

在模块 5 中，我们将学习以下内容：①制度依据，介绍变电二次检修作业风险管控的制度依据，为变电二次检修作业提供标准化的管理流程和操作规范；②对变电二次检修作业中的关键风险点进行了详细分析，帮助作业人员识别并防范潜在风险；③详细介绍变电二次检修作业安全风险管控要点，聚焦不同作业类别，阐述了风险点、风险等级、管控措施、督查重点、典型违章等内容。

一、变电二次检修作业安全风险管控基础

（一）制度依据

①《国家电网公司电力安全工作规程：变电部分》（Q/GDW1799.1–2013）。
②《继电保护和电网安全自动装置检验规程》（DL/T995–2016）。
③《继电保护作业风险管控实施细则（试行）》（调继〔2022〕55 号）。

（二）变电二次检修作业安全风险分类

变电二次检修主要工作内容包括所辖变电站内二次设备的改造、检验和消缺工作，风险来自继电保护"三误"，即误整定、误接线、误碰，造成"三误"的原因如表 5-1 所示。

表 5-1　"三误"及其产生的原因

继电保护误操作类型	造成误操作的原因
误整定	①整定计算原始参数错误，造成误整定，如未按规定实测、测量误差大、TA 变比反馈错误等 ②整定计算结果错误，造成误整定。例如，计算人员对电网运行方式、二次设备不了解，说明书版本与现场二次设备实际功能不符，无人复算、核实，由此造成误整定

续表

继电保护 误操作类型	造成误操作的原因
误整定	③定值切换未按要求进行或定值输入错误，造成误整定，如定值切换顺序错误、定值输入错误等 ④试验时变动保护定值未恢复，造成误整定 ⑤电网运行方式变动，如一次设备充电时，切换临时定值区或更改定值，未及时恢复，造成误整定
误接线	①图纸不正确、不规范，造成误接线。例如，无图纸、图纸不齐全或图纸改动后未履行审批手续、图纸与现场设备接线不符，回路编号、元件标志（标识）不正确、不规范、意义不明确等 ②不按设计图纸施工，造成误接线，如施工现场无图纸或未按图接线等 ③保护及自动装置检验时断开接线端子，恢复接线时接错，造成误接线
误碰	①二次设备上工作时，使用不合格的工（器）具，造成误碰运行设备。例如，清扫工作未使用绝缘工具，螺丝刀的金属竿部分未缠绕绝缘胶带等 ②现场运维人员所做安全措施不满足安全工作要求，造成误碰运行设备。例如，试验设备上联跳回路压板、失灵启动压板、远方启动压板未退出，被试TA接入母差保护、主变保护、3/2接线线路保护等运行中设备的电流试验端子未断开后短接，被试保护屏的相邻设备无明显区分标志等 ③外来工作人员作业时，因未对其进行安全措施交底、失去监护等，造成误碰运行设备 ④保护人员实施安全措施的方法不合理，造成误碰运行设备，如未做隔离措施、无人监护等 ⑤工作中重要环节操作失去监护、操作不规范，造成误碰运行设备。例如，操作保护压板、切换开关、定值区、交（直）流空气开关、电流试验端子、插拔保护插件、触及交（直）流回路无专人监护，试验接线后没有专人检查等 ⑥二次设备上工作时，未正确使用工（器）具，造成误碰运行设备，如万用表用错档位、使用短接线进行开关、信号传动等 ⑦二次设备上工作，着装不规范，造成误碰运行设备，如工作服上有金属构件等

二、变电二次检修作业风险管控要点

变电二次检修作业风险管控要点如表5-2、表5-3所示。

模块5　变电二次检修作业风险管控

表 5-2　二次设备改造

作业项目	危险点	防范类型	管控措施	督查重点	典型违章
施工准备	屏（柜）吊装、搬运管控不到位	物体打击	①屏（柜）搬运前应准备好搬运方案，做好现场交底工作，防止搬运过程中屏（柜）倾倒 ②屏（柜）搬运时，应由专人负责现场管控，加强监护，防止人身伤害或设备损坏、丢失 ③屏（柜）搬运时，应防止损坏屏（柜）或运行屏（柜）内设备误动 ④起重吊装工作应满足相关标准，规范的最新要求，由专人指挥并加强现场人员管控，防止意外事故发生 ⑤防止屏（柜）拆下的包装被大风刮到设备区，引起设备短路故障	1.通用督查重点 ①无日计划作业，或实际作业内容与日计划不符 ②溜出作业范围未经审批 ③高处作业、攀登或转移作业位置时失去安全保护 ④未经工作许可（包括在客户侧工作时，未获客户许可），即开始工作 ⑤工作负责人、专责监护人）不在现场，或者劳务分包人员担任工作负责人（作业负责人）	①工作现场工作负责人未穿红马甲，专责监护人未佩戴明显标识 ②测控装置检验工作开始前，未投入装置检修压板、检验工作结束后，未退出检修压板，恢复上锁，未上传数据，传数据 ③继电保护装置等定值计算、调试稳控保护、直流控保、误动、误碰、误（漏）接线 ④在继保屏上工作时，运行设备与检修设备无明显标志隔开；或者在保护盘上附近进行振动较大的工作，未采取防跳闸（误动）的安全措施 ⑤在互感器二次回路防止电流互感器二次回路开路、电压互感器二次回路短路的措施
	电缆、网线、光缆预放管控不到位	其他伤害	①敷设过程中，应有专人监护，防止误碰回路，设备或人员受伤 ②长时间敷设时，应做好临时过渡阶段的管控，防止人员受伤、设备及回路误碰 ③敷设要求应满足最新技术标准、标准等的要求，保证电缆、网线、光缆后期使用可靠性的同时，也不影响运行设备的正常运行 ④应检查电缆走向及电缆的防火措施		

续表

作业项目	危险点	防范类型	管控措施	督查重点	典型违章
二次工作安全措施	二次工作安全措施编制有误	继电保护"三误"	①二次工作安全措施的编制应结合实际工作，做好图纸、现场开展勘察编制工作，回路走向等信息收集工作，后再开展措施票编制工作，严防内容编制错误 ②编制二次工作安全措施前应明确工作地点、工作范围、设备工况及跨专业配合工作情况，确保安全措施全面可靠 ③二次工作安全措施票的格式、内容应符合规程、规范，二次工作安全措施内容应能体现安全措施条目实施的顺序	⑥作业人员不清楚工作任务、危险点 ⑦有限空间作业，未执行"先通风，后作业"的要求，未正确设置监护人，未配置或未正确使用安全防护装备、应急救援装备	⑥带电的二次回路进行拆接线工作未按要求佩戴绝缘手套 ⑦电压回路、电流回路工作，未使用万用表、电流钳形表测量 ⑧试验工作结束，未按二次工作安全措施票的接线，未拆除二次设备有关接线，未检查装置恢复同运行设备装置切换开关至许可时的状态
	二次工作安全措施票审批把关不严	继电保护"三误"	①二次工作安全措施票需明确与之对应的编号票，对于复杂或重要的安全措施票的审批应提前勘察单位的现场，对二次工作安全措施修改的情况应加强管理，执行重新审核的流程	⑧同一工作负责人同时执行多张工作票 ⑨存在高处坠落、物体打击风险的作业现场，人员未佩戴安全帽	⑨电压互感器的二次试验，仅试验，未取下电压互感器高压熔断器或未断开电压回路一次刀闸 ⑩传动试验前，现场试验人员、现场检修人员，或无运行人员监视
	二次工作安全措施现场执行不到位	继电保护"三误"	①二次工作安全措施执行应在运行人员许可相应工作票后，按照二次工作安全措施的内容逐项执行。执行时，应遵守一人执行，一人监护的作业要求。执行人由工作班成员担任，监护人应由较高技术水平和有经验的人员担任 ②二次工作安全措施执行前应首先确认记录执行人员实施的安全措施（如压板、二次空气开关等）是否符合工作要求，记录工作屏（柜）的原始运行状态，采用拍照留存的方式，工作负责人与运行人员进行状态确认	⑩在带电设备周围使用钢卷尺、金属梯等禁止使用的工器（器）具 ⑪擅自开启高压开关柜门，记录工作屏、二次空气开关板，擅自移动绝缘挡板	⑪二次回路及安全措施内容未由工作负责人填写，未经技术员或班长审核、签发 ⑫不按规定佩戴护目镜、角磨机、电钻等工作（使用电焊、角磨机、电钻等工作）

098

续表

作业项目	危险点	防范类型	管控措施	督查重点	典型违章
二次工作安全措施	二次工作安全措施现场执行不到位	继电保护"三误"	③二次工作安全措施执行前应再次确认"票、图、物"三者一致，如有不一致，应立即查明原因 ④二次工作安全措施执行完毕后应对照正确的二次工作安全措施进行全面检查，确保执行正确。检查无误后，执行人、监护人在二次工作安全措施票上签字确认	⑫将高风险作业定级为低风险作业 ⑬现场作业人员未经安全准入考试并合格；新进、转岗和离岗3个月以上电气作业人员，未经专门安全教育培训，并经考试合格上岗 ⑭安全风险管控监督平台上的作业开工状态与实际不符；作业现场未按规定视频监控设备，或视频监控设备未开机，未拍摄现场作业内容 ⑮重要工作、关键环节作业未按施工方案或规定流程开展作业，作业人员改变已批准的安全措施	⑬动火执行人无相关特种作业证 ⑭动火作业现场无消防器材或配置的消防器材不合格 ⑮动火作业未按要求办理动火工作票 ⑯有限空间测试仪未校验，无校验报告 ⑰有限空间作业现场人员无有限空间特种作业证 ⑱有限空间作业时，工作票上未明确专责监护人 ⑲有限空间作业，未定时开展气体检测工作，检测结果未记录 ⑳"先通风、再检测、后作业"的要求，未正确设置监护人 ㉑有限空间作业时未设置安全示标志及警示说明 ㉒有限空间出入口未设置遮栏（围栏）和明显的安全警示标志及警示说明
	交、直流电压回路短路，接地	触电保护拒动与误动	①交、直流电压回路拆接线时，应防止误拆错拆及带电线头接地或短路，打掉的接线应做好绝缘措施 ②保护更换过程中，防止误投的措施，拉开关联的空气开关更换过程中直流系统正常运行 ③在电压回路上实施二次工作安全措施，应注意互感器二次回路中性点形成两点、多点或失去接地，防止运行的电压回路短路、接地。拆解线头要做好绝缘包扎和妥善固定 ④交流电回路工作时，应防止触及交流电回路发生异常情况		

099

供电企业作业风险管控要点

续表

作业项目	危险点	防范类型	管控措施	督查重点	典型违章
二次工作安全措施	电流回路开路、两点接地、失去接地	触电保护拒动与误动	①在运行的电流回路上工作时，应防止电流回路开路导致的人身及设备伤害 ②在运行的电流回路上工作时，应防止电流回路两点接地、多点或失去接地导致的二次设备不正确动作 ③在运行的电流回路上工作时，应防止电流回路失去接地	⑯未按规定开展现场勘察或未留存勘察记录，工作票（作业票）签发人和工作负责人均未参加现场勘察 ⑰作业人员擅自穿越、跨越安全围栏，跨越安全警戒线 ⑱三级及以上风险作业管理人员（含监理人员）未到岗（到位）进行管控 ⑲特种设备作业人员、特种作业人员、危险化学品从业人员未依法取得资格证书 ⑳作业现场未正确佩戴安全帽，未穿全棉长袖工作服、绝缘鞋 ㉑现场实际情况与勘察记录不一致	㉒工作结束或长时间中断期间，电缆沟孔洞未封堵 ㉓电缆穿入保护屏、端子箱时，电缆头未做包扎 ㉔电缆敷设掀开的电缆沟盖板未设置（四角）警告标志 ㉕电缆敷设掀开的电缆沟盖板未装设遮拦或无人看守 ㉖电缆敷设时，工作票上未明确各区域专责监护人 ㉗变电运维人员未参加现场勘察，或者其他检修班组人员应勘察未勘察，或者未在现场勘察记录上签字 ㉘现场使用吊车或抖臂车作业的，司机未参加现场勘察、勘察记录未对车辆作业风险进行辨识分析 ㉙涉及多单位、多班组的复杂现场作业，未开展现场勘察工作及未编制施工方案 ㉚现场勘察记录缺少有限空间、高处坠落、屏体倾倒、机械（物体）打击、带电间隔、继电保护"三误"、电力监控（违规外联）等风险辨识
	二次工作安全措施现场管控缺失	触电保护拒动与误动	①执行二次工作安全措施前相关工作人员应进行交底。相关工作人员需在已执行的二次工作票上签字确认，每次工作前需检查二次工作安全措施完好无误后方可开工 ②二次工作安全措施若有变更或临时恢复，需有完备的审核变更流程 ③二次工作安全措施恢复完毕后，现场禁止开展任何相关工作 ④短时的、过渡过程中的安全措施，应在方案中明确、注明		
	二次工作安全措施恢复漏项、错项	触电保护拒动与误动	①恢复二次工作安全措施，应确认工作已全部完成并在监护下按合理的流程有序恢复安全措施，防止漏项、错项 ②二次工作安全措施恢复时应确认操作到位，相关设备、回路安全措施可一次设备、回路恢复到位，保证安全措施可一次设备恢复，严防可能导致的运行电流回路开路、电压回路短路等异常情况发生		

模块 5 变电二次检修作业风险管控

续表

作业项目	危险点	防范类型	管控措施	督查重点	典型违章
	施工工艺、安全交底不到位	其他伤害	①工作前，工作负责人在履行工作许可手续后，必须召开工前会同工作班成员到现场进行安全交底，指明工作地点、带电部位、危险点及所做的二次工作安全措施和相关安全注意事项，工作班成员清楚明白交底内容，交底人和被交底人签字确认后方可开始工作 ②施工应严格按各类安全措施及各项工艺规范实施，保证工程整体的施工质量	②检修方案的编制，检修时间、审批时间早于现场勘察时间，检修方案内容与现场实际不一致 ②施工现场专责监护人兼做其他工作	③施工"三措一案"编制、审批时间早于现场勘察时间，审批签字不全或盖章不全，或者无审批意见 ②"三措一案"编制、审批的签字不全或盖章不全，或者无审批意见 ③使用达到报废标准的或超出检验期的安全工（器）具 ④安全工（器）具经检验合格，检验合格证粘贴位置不明显或合格证标识有破损、不清晰
现场管控	安全管控、作业工艺管控不到位	其他伤害	①落实好安全责任制度，明确划分管理职责，加大预控措施，工作负责人或专责监护人应在开工前带领施工人员提前加强作业安全风险分析，监督做好安全宣传教育，落实生产现场的安全 ②加强对施工工艺的各环节进行质量管控，监督施工人员按照规范施工工艺开展作业，对已完工的工序进行质量验收，对不合格需要整改的施工工艺须通过复验确保整改到位 ③作业中应严防过渡措施交代不清晰 ④工作监护人需向工作人员详细了解工作影响范围，明确工作中影响运行设备的风险点	2. 二次保护屏上作业 ①在继保护屏上作业时，运行设备与检修设备无明显标志隔开，或者在保护屏上或附近进行振动较大的工作时未采取防跳闸（误动）的安全措施 ②继电保护、稳控装置等直流电保护、稳控装置等定值计算、调试接错误，误动、误碰、误（漏）接线	③电钻、磨光机等电动工具电源线绝缘有破损；使用的砂轮有裂纹及其他不良情况，砂轮无防护罩。使用砂轮研磨时，未戴防护眼镜或磨工具时用砂轮的侧面研磨 ⑥电缆盘漏保空开未定期进行试验 ⑦试验装置、升流装置等未使用专用的接电线，用试验线代替
屏（柜）拆除	交、直流回路短路、接地和互窜	保护误动与拒动	①工作班分工，严禁开展与工作无关事项先明确分工，严禁开展与工作无关事项 ②涉及协同作业的工作，应在两人共同确认方可进行工作 ③在带电的电压互感器二次回路工作时，戴手套。拆解线头必要做好绝缘包扎和安善固定		

101

续表

作业项目	危险点	防范类型	管控措施	督查重点	典型违章
屏（柜）拆除	相邻运行设备误动	保护误动与拒动	屏（柜）拆除时应防止影响到相邻屏（柜）内设备的运行状态	③在互感器二次回路上工作，未采取防止电流互感器二次回路开路、电压互感器二次回路短路的措施 ④试验工作结束，未按二次工作安全措施逐项恢复的状态，现场检修人员，现场监视 ⑤传动试验前，未通知运行人员，或无人现场监视 ⑥二次工作安全措施的工作内容及安全措施由工作负责人填写，未经技术人员或班长审核整签	㊳使用单梯工作时，梯与地面的斜角过小或过大（超过75度），无防滑措施，梯阶顶1米处无限高标志；使用无限制高度的人字梯工作 ㊴作业人员进入作业现场未正确佩戴安全帽，未穿全棉长袖工作服，绝缘鞋 ㊵搬动梯子、管子等长物，未放倒由两人搬运，未与带电部分保持足够的安全距离 ㊶现场配电箱内无漏电保护装置或未定期检验漏电保护装置，临时电源箱外壳未可靠接地 ㊷作业现场跨越道路，电源线路沿路明设，未采取任何防护措施 ㊸作业现场使用锤类工具未佩戴手套
	机械危害	其他伤害	①屏（柜）拆除时应防止屏（柜）倾倒、人员砸伤等机械伤害 ②按照相关规范的要求正确使用磨光机等机具		
调试前准备	调试前准备不足	其他伤害	①开工前准备好本次作业所需仪器（仪表）、工（器）具、最新整定单、相关图纸、SCD文件、备品（备件）。上一次试验报告及本次改造项目的相关技术资料。检查仪器，仪表均在有效期内 ②应组织作业人员学习作业指导书并根据作业指导书进行调试工作		
调试定值使用	现场试验未全面验证调试定值	误整定	现场调试人员应按调试定值完成所有调试项目，防止因定值调错漏调项目致使误整定		
装置及二次回路检查	装置及二次回路检查项目缺失	保护误动与拒动	①检验前应明确准备工作和人员分工，细化验收项目，制订验收方案 ②检查项目应涵盖图纸与资料、安装与工艺、二次回路、装置和系统功能的检查 ③如检查、验收存在问题需要整改，应反馈改到位；涉及图纸变动的，应反映时在施工图上体现并经设计院确认		

102

续表

作业项目	危险点	防范类型	管控措施	督查重点	典型违章
保护直流电源回路搭接	搭接作业流程不规范	其他伤害	①开工前应到现场对直流回路进行全面了解，制订直流电源改造回路拆搭接表和现场实物一致；②仪器（仪表）、工（器）具应试验合格，满足本次作业要求，图纸及资料应齐全且符合现场实际情况；③开工前验收工作负责人应向全体验收人员明确验收任务、作业要求等内容	⑦电压互感器的二次回路通电试验，未取下电压互感器高压熔断器或未断开电压互感器一次刀闸；⑧二次系统上试验用闸刀无熔丝，无罩；试验接线未经第二人复查 3. 工作票管理 ①无票（包括作业票、工作票及分票、操作票、动火票等）工作、无令操作；②不具备"三种人"资格的人员担任工作票签发人、工作负责人或许可人；③票面（包括工作票及分票、动火票）缺少工作负责人、工作班成员签字等关键内容	④现场作业人员未参加安全准入考试或准入考试不合格；⑤现场作业人员无继电保护、低压作业、有限空间、电焊等特种作业证或未上传以上述及的特种作业证；⑥第一种工作票一个工作负责人签发 ⑦工作票签字确认栏签字且工作负责人未在备注栏进行签字说明；⑧现场有2个及以上作业面同时在施工，工作票中未填写专责监护及分责监护人兼做其他工作；⑨工作许可人、工作负责人未分别在工作票上对所列安全措施逐一确认，未在"已执行"栏打"√"进行确认；⑩未按工作票要求在后台监控机上悬挂标示牌；⑪工作票要求悬挂标示牌，现场实际未悬挂
保护电压回路搭接	电压回路拆搭接时，运行设备失去电压	保护拒动	防止运行设备失去电压		

续表

作业项目	危险点	防范类型	管控措施	督查重点	典型违章
装置检验	功能试验缺项、漏项	保护误动与拒动	①明确试验前的准备工作和人员分工、细化试验项目，制订标准化作业指导卡 ②功能试验应包括装置检查、整组试验和最新文件及反措要求（若有），逐项开展，不得遗漏 ③如检查、验收存在问题需要整改，应通过复验确保整改到位；涉及图纸变动的，应及时在施工图上体现并经设计院确认 ④根据调度下发的定值单执行验收工作，确保定值单内每一项定值都有验证	④应拉断路器（开关、刀闸），应拉隔离开关（刀闸），熔断器，应合接地刀闸，作业现场装设的接地线未在工作票上准确登录。工作接地线未按票面要求准确登录安装位置、编号，挂拆时间等信息 ⑤工作票字迹不清楚，随意涂改	㉒工作票签发人、工作负责人未认真审核工作票所列安全措施的正确性 ㉓工作票中所列安全措施与现场实际情况不一致 ㉔添加、减少作业人员，存在工作票备注栏中登记、备注人员管控不到位的风险。工作负责人注栏式（时间、人员、工作负责人等）不正确 ㉕工作票计划时间、签发时间，许可时间存在错误 ㉖现场工作票履行存在变更未进行确认 ㉗第一种工作票，工作收工栏、开工栏的填写内容有误 ㉘二次工作票勘察不到位造成二次工作安全措施票执行中随意涂改，删减、增添项目，执行项目未打"√"
	传动试验伤人	机械伤害	保护装置在进行传动试验时，存在断路器误动作伤人风险，传动前应与现场作业人员撤离后进行		
	登高作业人身伤害	高处坠落	①登高作业必须有专人监护并使用合格的工（器）具、佩戴合格的安全防护用具 ②非电量保护退出前，应检查相关主变充氮灭弧装置已退出；登高作业应使用安全带，严禁低挂高用，高处作业转移作业位置时不得失去安全带保护		
	光纤损坏、脏污	其他伤害	①光纤插拔时应注意未接入时捅入光纤芯头是否良好 ②防止造成退出的光纤芯头损坏、脏污 ③防止退出的光纤弯折、折断，造成通信中断		

104

续表

模块 5 变电二次检修作业风险管控

作业项目	危险点	防范类型	管控措施	督查重点	典型违章
装置检验	电压二次回路短路、接地或反充电	触电保护、误动与拒动	①试验前打开所有电压连片，接线端子电源侧用红色绝缘胶布封住。加试验电压时，试验线接至端子排装置侧。防止试验仪器所加电压造成保护或自动装置误动作或造成人身伤害 ②加压前要先测量电压二次回路反充电或仪器所加电压回路确无电压。防止试验仪器误动作造成人身伤害	4. 动火作业 ①在易燃、易爆或禁火区域擅带火种，使用明火、吸烟；未采取防火安全措施，在易燃物品上方进行焊接，下方无监护人 ②动火作业前，未将盛有或盛过易燃、易爆等化学危险物品的容器、设备、管道等生产、储存装置与生产系统隔离，未清洗、置换，未检测可燃气体（蒸气）含量，或含量不合格（蒸气）即动火作业 ③生产和施工场所未按规定配备消防器材或配备不合格的消防器材	㊄拆接的二次线未做隔离防护措施，未进行绝缘包封 ㊅二次工作安全措施，执行和恢复围栏未签名，操作项人未签名，逐项确认 ㊆现场作业风险预控卡未签名，未打"√" ㊇作业人员擅自穿越、跨越安全围栏，安全警戒线 ㊈未按工作票要求在后台监控机上悬挂标示牌 ㊉工作人员单独进入、留在高压室或高压设备区内 ㊊远方操作一次设备前，未对现场发出提示信号，未提醒现场人员远离操作屏 ㊋在继电保护屏等运行屏上作业时，运行设备与检修设备无明显标志隔开
	联跳试验风险管控不到位，验收质量不高	保护误动与拒动	①验收的项目与运行屏（柜）有失灵、联跳回路的装置，应由检修人员到现场持监护，执行二次工作安全措施，通过联跳或试验方式验证回路正确性 ②失灵功能或联跳功能验收时，压板要一一验证对应关系 ③运行人员核对空气开关和压板标签后，检修人员应再次核对标签的正确性		
验收	回路验收不完整	保护误动与拒动	①合理安排验收人员，确认验收人员具备保护验收的能力与经验 ②验收过程中，验收人员应根据标准化验收规范要求开展验收工作，确保验收内容不漏项 ③如检查、验收整改到位，涉及图纸变动的，应通过复验确认并经设计院确认；涉及图纸变动的，应及时在施工图上体现并经设计院确认		

105

供电企业作业风险管控要点

续表

作业项目	危险点	防范类型	管控措施	督查重点	典型违章
验收	功能试验缺项、漏项	保护误动与拒动	①合理安排验收人员，确认验收人员具备保护验收的能力与经验 ②验收过程中，验收人员应根据标准化验收规范要求开展验收工作，确保验收内容不漏项 ③根据调度下发的定值单执行验收工作，确保定值单内每一项定值都有验证		⑥工作终结未及时封堵孔洞，盖好电缆沟道盖板，工作班未整理，清扫现场 ⑧作业人员进入作业现场未正确佩戴安全帽，未穿全棉长袖工作服，绝缘鞋
	反措和专业要求验收未全面落实	保护误动与拒动	①验收过程中，验收人员应根据标准化验收规范、"十八项反措"及相关专业要求开展验收工作，确保验收内容不漏项 ②如检查、验收存在问题需要整改，验收整改到位；涉及图纸变动的，应及时在施工图上体现并经设计院确认	4.动火作业前，未清除动火现场及周围的易燃物品 ⑤动火作业时，乙炔瓶或氧气瓶未直立放置，气瓶间距小于5米，动火作业地点距离气瓶不足10米 5.高处作业 ①使用无达到检验期标准或超出检验期的安全工（器）具 ②使用无限制张开度措施的人字梯工作 ③使用单梯地面的斜角过小或过大（大于75度）。使用中的梯子整体不坚实，无防滑措施，梯阶间的距离大于0.3米，距梯顶1米处无限高标志	⑥检修现场杂乱，未及时对现场进行整理 ⑦厂家技术人员不清楚作业现场工作任务、安全措施及危险点 ⑦从后台机UPS电源捕断板处直接接取施工电源 ⑦从变电站内的运行屏（柜）上、断路器端子箱内及机构箱内直接接取检修施工电源 ⑦现场使用带斗臂车时无专人指挥
	精益化验收管控缺失	保护误动与拒动	①验收单位应构建完备的精益化验收机制，以精益化验收标准为指导，督促班组验收人员扎实开展精益化验收工作 ②验收人员应参照精益化典型案例集开展验收工作，验收中发现的问题要做好完整记录，整改完成后应及时复验收		

106

续表

作业项目	危险点	防范类型	管控措施	督查重点	典型违章
验收	验收资料存在缺漏	其他风险	①制作相应的验收材料收资表格，逐项打"√"，逐项验收 ②未在规定时限内提交满足工程通过验收条件的材料，不予通过验收		⑤特种设备作业人员、特种作业人员、危险化学品从业人员未依法取得资格证书 ⑥三级及以上风险作业管理人员（含同进同出）未到岗（到位）进行管控 ⑦在带电设备周围使用钢卷尺、金属梯等禁止使用的工（器）具 ⑧现场作业未按要求正确佩戴或未佩戴安全帽 ⑨现场作业人员擅自跨越、翻越围栏
通用风险描述	误碰运行设备	保护误动	①严禁误碰相邻运行设备，防止运行保护设备误动 ②狭小空间内作业应加强监护，作业过程中应防止误碰 ③严禁拉错电源空开，防止运行设备失电 ④严禁误短接联跳回路或回路端子间或跳线芯，防止联跳回路误导通 ⑤正确使用工（器）具，严防使用不当导致短路、接地等 ⑥严禁随意触碰装置复位按钮，导致装置参数恢复出厂设置		

表 5-3　二次设备检验

作业项目	危险点	防范类型	管控措施	督查重点	典型违章
二次工作安全措施	二次工作安全措施票编制有误	触电	①工作前应结合现场勘察记录、图纸、设备检修工作安全措施票前编制二次工作安全措施票，确保"票、图、物"一致　②编制二次工作安全措施票时，工作地点、工作范围及工作情况、有效隔离与本工作相关的运行设备及相关回路　③对于有明确勘察要求的工作，在开工前要开展现场勘察编制二次工作安全措施票，严禁套用以往二次工作安全措施票，导致二次工作安全措施填写错误	1.通用督查重点　①无日计划作业，或实际作业内容与日计划不符　②超出作业范围未经审批　③高处作业，攀登或转移作业位置时失去安全保护　④未经工作许可（包括在客户侧工作时，未获客户许可）即开始工作　⑤工作负责人（作业负责人）、专责监护人不在现场，或劳务分包人员担任工作负责人（作业负责人）　⑥作业人员不清楚工作任务、危险点　⑦有限空间作业未执行"先通风、再检测、后作业"的要求，未正确设置安全防护装备，使用安全防护装备不正确、应急救援装备不齐　⑧同一工作负责人同时执行多张工作票　⑨存在高处坠落、物体打击风险的作业现场，作业人员未佩戴安全帽	①工作现场工作负责人未佩戴明显标识马甲，专责监护人未佩戴明显标识马甲　②电力监控系统作业过程中，未经授权，接入非专用调试设备，或调试计算机接入外网　③电力监控系统账号口令未按照密码复杂性要求配置　④电力监控系统未关闭设备上空闲的硬件端口，如USB接口、串行口，以太网口等；未关闭生产控制大区高危网络服务　⑤电力监控系统不间断电源（UPS）上新增负载前，未核查电源负载能力　⑥测控装置检验压板，封锁上传数据，检验工作结束后，未退出检修压板，恢复上传数据　⑦未与相关电力监控机构核对业务正常，即终结电力监控系统工作票　⑧电力软件、升级设备、变更配置文件，存在冗余设备的，未在备用设备上修改、调试并验证无误
	二次工作安全措施票审批把关不严	触电	①未经设备运检单位审核签发的二次工作安全措施票不得执行　②二次检查时，应检查所列安全技术措施是否正确完备，是否符合现场实际条件		

续表

作业项目	危险点	防范类型	管控措施	督查重点	典型违章
二次工作安全措施现场执行不到位		保护误动与拒动	①二次工作安全措施执行应在运行人员许可相应工作票后，按照二次工作票安全措施项的内容逐项执行，执行时的作业应遵守一人执行，一人监护时的作业要求，监护人应由较高技术水平和有经验的人担任，执行人由工作班成员担任。②二次工作安全措施执行前，应首先确认运行人员实施的安全措施（如压板、二次空气开关等）是否符合工作票要求，记录工作屏（柜）的原始状态。③二次安全措施执行前，应再次确认"票、图、物"三者一致，如有不一致，应立即查明原因。④对照二次工作安全措施执行完毕后，作业人员执行正确将项目设备进行全面检查，检查无异常，确保执行二次工作安全措施正确，监护人在二次工作票安全措施票上签字确认	⑩在带电设备周围使用钢卷尺、金属梯等禁止使用的工（器）具。⑪擅自开启高压开关柜门、检修小窗，擅自移动临时绝缘挡板。⑫将高风险作业定级为低风险。⑬现场作业人员未经安全准入考试合格；新进、转岗和离岗3个月以上电气作业人员，未经专门安全教育培训并经考试合格上岗。⑭安全风险管控监督平台上的作业开工状态与实际不符；作业现场未布设视频监控设备，或视频摄像现场改变设定区域，未拍摄现场开工内容。⑮重要工序、关键环节作业未按施工方案或规定开展现场勘察或作业人员未经批准程序开展、改变已设置的安全措施。⑯未按规定开展现场勘察记录，工作票（作业票）签发人和工作负责人均未参加现场勘察	⑨继电保护、直流控保、稳控装置等定值计算、调试错误、误碰、误（漏）接线装置设备无明显标志隔开；或者在保护屏上或附近进行振动较大的工作时，未采取防跳闸（误动）的安全措施。⑪在互感器二次回路上工作，未采取防止电流互感器二次回路开路、电压互感器二次回路短路的措施。⑫在带电的二次回路进行拆接线工作时未按要求佩戴线手套。⑬电压回路、电流回路工作，未使用万用表、电流钳形表测量。⑭试验工作结束，未拆除工作有关的接线、未拆除临时接线，未将各相关压板及切换开关位置恢复至工作许可时的状态

供电企业作业风险管控要点

续表

作业项目	危险点	防范类型	管控措施	督查重点	典型违章
二次工作安全措施	交、直流电压回路短路、接地	触电，保护误动与拒动	①在直流二次回路上工作时，直流回路不得短路和接地，以免影响站内直流系统正常运行 ②在交流电压二次回路上作业时，应注意防止对停电的电压互感器反送电。运行的电压互感器二次回路不得一点或多点接地，防止电压回路短路	⑰作业人员擅自穿越、跨越安全围栏、安全警戒线 ⑱三级及以上风险作业管理人员（含监理人员）未到岗（到位）进行管控 ⑲特种设备作业人员、特种作业人员、危险化学品从业人员未依法取得特种资格证书 ⑳现场实际情况与勘察记录不一致 ㉑检修方案的编制、审批时间早于现场勘察时间与现场实际不一致 ㉒检修方案内容与现场实际不一致 ㉓施工现场的专责监护人兼做其他工作 2. 二次系统工作 ①在检修保护设备上作业时，运行设备无明显标志隔开；或者在保护盘上作业时，对附近振动较大的工作时，未采取防止保护误动的安全措施	⑮电压互感器的二次回路通电试验，仅断开二次熔断器或未断开电压互感器高压熔断器一次刀闸 ⑯传动试验前，未通知运行人员，现场检修人员，或无人现场监视 ⑰二次工作安全措施内容未由工作负责人填写，未经技术员或班长审核签发 ⑱不按规定佩戴护目镜（使用电焊、角磨机、电钻等工作）⑲有限空间测试仪未校验，无校验报告 ⑳有限空间特种作业证 ㉑有限空间专责监护 ㉒有限空间作业，检测结果未记录 ㉓有限空间作业未执行"先通风、再检测、后作业"的要求，未正确设置监护人
	电流回路开路，两点接地	触电，保护误动与拒动	在电流回路上实施二次工作安全措施，应注意防止电流互感器二次回路两点或多点接地，防止运行的电流回路开路，防止运行的电流回路失去永久接地点		
	二次工作安全措施现场管控缺失	触电	①应强化二次工作安全措施的刚性执行，监护人应严格履行监护、检查职责 ②已经执行完毕的二次工作安全措施，在后续工作过程中不得随意触碰 ③二次工作安全措施若有变更或临时恢复，需有完备的审核变更流程		

续表

模块5 变电二次检修作业风险管控

作业项目	危险点	防范类型	管控措施	督查重点	典型违章
二次工作安全措施恢复漏项、错项	二次工作安全措施恢复漏项、错项	触电	①恢复二次工作安全措施前应确认工作已全部完成，在监护下按合理的流程有序恢复安全措施，防止漏项、错项。②二次工作安全措施恢复时应由执行人执行，确保操作恢复到位，二次设备、相关接点、回路状态到位，保证安全措施可靠执行，防止可能导致的运行电流回路开路，电压回路短路的运行异常情况发生	②继电保护、直流监控、稳控装置等定值计算、调试错误，误动、误碰，误（漏）接线。③在互感器二次回路上工作，未采取防止电流互感器二次回路开路，电压互感器二次回路短路的措施。④试验工作结束，未按二次工作安全措施逐项恢复，未拆除相关有关的接线，未将各相关临时接线，未装置关位置不明显或反切换开关位置不明显或时的状态	㉔有限空间作业时未设置安全警示标志及警示说明。㉕有限空间出入口未设置遮拦（围栏）和明显的安全警示标志及警示说明。㉖有限空间作业时未使用风机，风机未使用风管。㉗使用达到报废标准的或超出检验期的安全工（器）具。㉘安全工（器）具检验合格，检验合格标识有破损，不清晰。㉙电缆盘漏电保空开未定期进行试验。㉚作业人员进入作业现场未正确佩戴安全帽、穿子长物，未安带电部分保持足够的安全距离。㉛搬动梯子、管子等长物，放倒由两人搬运，未与带电部分保持足够的安全距离。㉜现场作业人员无继电保护、低压作业、有限空间、高处作业、电焊等特种作业证或未上传以上述及的特种作业证
功能试验	功能试验缺漏项、错项	触电	①明确试验前的准备工作和人员分工，细化试验项目，制订标准化作业指导卡。②功能试验应包括装置检查、整组试验和最新文件及反措要求（若有），逐项开展，不得遗漏。③根据调度下发的定值单内每一项定值验收工作，确保定值单内每一项值都有验证	⑤传动试验前，未通知专人负责，现场检修人员，或无人现场监视。⑥二次工作安全措施票的工作内容及安全措施内容由工作负责人填写，未经技术人员或班长审核签发。⑦电压互感器的二次回路通电试验，仅调整二次回路，未取下电压互感器高压熔断器或未断开电压互感器二次刀闸	

供电企业作业风险管控要点

续表

作业项目	危险点	防范类型	管控措施	督查重点	典型违章
正式定值执行	定值项执行错误	误整定	①按最新专业要求放置定值区，按照定值单说明设置定值区定值 ②正确核对定值单电流互感器变比、电压互感器变比等，确保定值项执行无误 ③执行定值单应按照最新的正式版定值单执行，更新旧的定值单时应核对新、旧定值单差异，执行前应逐项核对，防止误漏整定值项 ④执行新技术、新原理装置的整定时，应提前学习并掌握装置原理及操作说明，防止因不熟悉设备造成误操作或误整定	区，无晕；熔丝，试验接线未经其他人复查 3.工作票管理 ①无票（包括作业票、工作票、操作票、动火票等）工作，无令操作 ②不具备"三种人"资格的人员担任工作票签发人、工作负责人或许可人 ③票面（包括作业票、工作票及分票、动火票等）缺少工作负责人、工作班成员签字等关键内容 ④应拉断路器（开关）、应拉隔离开关（刀闸）、应合接地刀闸，作业现场未按工作票上准确登录安装位置、编号，挂拉时间等信息 ⑤工作票字迹不清楚，随意涂改	⑧二次系统上试验用刀闸无 ③工作班成员未在签字确认栏签字且工作负责人未在在岗注栏进行备注说明 ④现场工作安全措施，存在安全措施执行不到位的风险 ⑤现场有2个及以上作业面同时在施工，工作票中未填写专责监护人及监护范围。施工现场未按要求做其他工作 ⑥未按工作票要求在运行五防屏（柜）上装设"设备运行"标识 ⑦工作许可人、工作负责人未在工作票上分别对所列安全措施逐一确认，未在"已执行"栏打"√"进行确认 ⑧未按工作票要求在后台监控机上悬挂标示牌 ⑨工作票中所列的安全措施与现场实际情况不一致
	版本号、校验码错误	误整定	①核对版本号、校验码及相应硬件配置，防止非人网许可装置人网运行 ②如检验中对保护装置软件升级或插件更换，应确认更换后信息、定值单版本号、校验码相符合		

112

续表

作业项目	危险点	防范类型	管控措施	督查重点	典型违章
正式定值执行	定值单说明（备注）执行错误	误整定	定值单（备注）中要求根据现场实际功能投退执行整定等内容，确认运行方式进行功能投退情况，执行人员应核对现场情况，确保保护功能无缺失	⑥第一种工作票总票、分票是由同一个工作票签发人签发 4. 动火作业 ①在易燃、易爆禁火区域携带火种，使用明火、吸烟；未采取防火措施即在易燃物品上方进行焊接，下方无监护人 ②动火作业前，未将盛有或盛过易燃、易爆等危险化学品的容器、设备、管道等生产、储存装置与生产系统隔离，未清洗、置换，未检测可燃气体（蒸气）含量，或可燃气体（蒸气）含量不合格即动火作业 ③生产和施工场所未按规定配备消防器材或配备不合格的消防器材 ④动火作业前，未清除动火现场及周围的易燃物品	⑩添加、减少作业人员时未在工作票注栏中登记，存在人员管控不到位的风险；备注栏式（时间、人员、工作负责人变更，工作负责人等）不正确 ⑪现场履行变更手续并签字确认 ⑫第一种工作票，工作收工栏，开工栏填写内容有误 ⑬二次工作勘察不到位造成二次工作安全措施执行不到位造成二次工作安全措施执行不改，删减，增添项目，执行逐项签字打"√" ⑭拆接的二次线绝缘包封措施，未进行绝缘包封 ⑮二次工作安全措施票执行不规范，执行监护人未签名，操作监护人未签名 ⑯现场作业风险预控卡未打"√"，未打"√" ⑰在继电保护等运行屏上工作时，运行设备与检修设备无明显标志隔开
	装置参数错误	误整定	应做好装置参数等基础数值的定值核对工作，确保定值执行准确，无遗漏		
	定值核对不全面	误整定	①出口矩阵，设备参数未在定值单中体现的定值项应根据现场情况进行核对，防止变比整定错误 ②输入定值前，应针对一次设备进行比对核对，防止变比整定错误 ③当有多个定值区时，作业完成后应核对定值区，防止保护运行于备用定值区，造成不正确动作 ④应核对定值单上的备注信息，防止某些软压板未按照要求投退，导致保护不正确动作		

113

续表

作业项目	危险点	防范类型	管控措施	督查重点	典型违章
正式定值执行	定值交待不清	继电保护"三误"	定值核对时,应做好相关注意事项,整定说明中根据现场实际自行整定部分的交待说明,防止运行人员误操作或定值未整定	⑤动火作业时,乙炔瓶或氧气瓶未直立放置,气瓶间距小于5米,动火作业地点距离气瓶不足10米	㊽工作终结未及时封堵孔洞,盖好电缆沟道盖板,工作班未整理、清扫现场
	检验、专业巡视缺项、漏项	继电保护"三误"	①出口矩阵应按定值单——验证,防止误整定导致保护不正确动作发生 ②专业巡视应认真核对保护定值,防止误整定隐患未排除	5.高处作业 ①使用达到报废标准的或超出检验期的安全工(器)具 ②使用无限制开度措施的人字梯工作	㊾施工现场的设备材料、工(器)具乱堆乱放,未分区、分类存放、摆放不整齐 ㊿检修现场杂乱,未及时对现场进行整理
通用风险描述	二次工作人员行为不当	继电保护"三误"	①认清间隔回路,防范关联运行设备误动风险,验证可靠时加强监护,做好隔离 ②不可采用投退智能终端出口硬压板的方式进行本间隔保护投退,防止母差保护无法出口跳闸 ③工作人员应精神状态良好,严禁单人或无人监护工作,防止误入间隔或误碰运行设备	③使用单梯工作时,梯与地面的斜角过小或过大(大于75度)的使用中的梯子整体不坚实,无防滑措施,梯阶的距离大于0.3米,距梯顶1米处无限高标志	51从后台机UPS电源插座处直接接取施工电源 52从变电站内的运行屏(柜)上、断路器端子箱内及机构箱内直接接取检修施工电源 53现场作业人员擅自跨越、翻越围栏

114

模块 6

变电倒闸操作风险管控

模块 6　变电倒闸操作风险管控

在模块 6 中，我们将学习以下内容：①制度依据，介绍变电倒闸操作风险管控的制度依据，为变电倒闸操作提供标准化的管理流程和操作规范；②对变电倒闸操作中的关键风险点进行了详细分析，帮助作业人员识别并防范潜在风险；③详细介绍变电倒闸操作安全风险管控要点，聚焦不同作业类别，阐述了风险点、风险等级、管控措施、督查重点、典型违章等内容。

一、变电倒闸操作安全风险管控基础

（一）制度依据

①《国家电网公司电力安全工作规程：变电部分》（Q/GDW1799.1—2013）。

②《国家电网有限公司关于进一步加强生产现场作业风险管控工作的通知》（国家电网设备〔2022〕89 号）。

③《国网设备部关于进一步强化生产现场作业风险防控的通知》（设备技术〔2022〕75 号）。

④《国家电网有限公司防止电气误操作安全管理规定》（国家电网安监〔2018〕1119 号）。

⑤《国网设备部关于切实加强防止变电站电气误操作运维管理工作的通知》（设备变电〔2018〕51 号）。

（二）变电倒闸操作安全风险分类

将倒闸操作任务分类，对每类操作任务，基于风险库，综合考虑倒闸操作任务的操作复杂度、人身和设备风险、操作对电网影响等风险评价因素，确定其的倒闸操作风险基础等级（Ⅰ～Ⅴ级）。按倒闸操作作业范围等因素，可分为全站停送电、新设备启动投运、母线停复役、倒母线、主变或线路旁路代、变压器停复役、线路停复役、开关停复役、开关柜停复役、电容器停复役、电抗器停复役、电压互感器停复役、站用电停复役、保护投退等 14

供电企业作业风险管控要点

类操作任务，据此编制变电倒闸操作风险定级表（见表6-1），用于指导变电倒闸操作作业风险差异化管控工作。

表6-1 变电倒闸操作风险定级表

序号	作业类型	倒闸操作作业内容	接线方式	电压等级	基础定级
1	全站停送电	全站停送电	——	≥500kV	Ⅰ
				330kV	Ⅱ
				220kV	Ⅲ
				≤110kV	Ⅳ
2	新设备启动投运	新变电站投运	——	≥330kV	Ⅰ
				220kV	Ⅱ
				≤110kV	Ⅲ
3	母线停复役	运行↔冷备用/检修	3/2母线	≥750kV	Ⅲ
				≤500kV	Ⅳ
			双母线	≥220kV	Ⅲ
				≤110kV	Ⅳ
			其他	≥220kV	Ⅳ
				≤110kV	Ⅴ
		冷备用↔检修	——	——	Ⅴ
4	倒母线	——	——	≥220kV	Ⅲ
				≤110kV	Ⅳ
5	主变或线路旁路代	旁路代主变	——	≥220kV	Ⅱ
				≤110kV	Ⅲ
		旁路代线路	——	≥220kV	Ⅲ
				≤110kV	Ⅳ
6	变压器停复役	运行/热备用↔检修	——	≥750kV	Ⅱ
				220kV～500kV	Ⅲ
				≤110kV	Ⅳ
		运行↔热备用	——	≥35kV	Ⅴ
		运行/热备用↔冷备用	——	≥220kV	Ⅳ
				≤110kV	Ⅴ
		冷备用↔检修	——	≥35kV	Ⅴ

续表

序号	作业类型	倒闸操作作业内容	接线方式	电压等级	基础定级
7	线路停复役	运行/热备用↔检修	——	≥750kV	Ⅲ
				220kV～500kV	Ⅳ
				≤110kV	Ⅴ
		运行↔热备用↔冷备用	——	≥35kV	Ⅴ
		冷备用↔检修	——	≥35kV	Ⅴ
8	开关停复役	运行↔热备用↔检修	——	≥750kV	Ⅲ
				220kV～500kV	Ⅳ
				≤110kV	Ⅴ
		运行↔热备用↔冷备用	——	≥35kV	Ⅴ
		冷备用↔检修	——	≥35kV	Ⅴ
9	开关柜停复役	运行↔热备用↔冷备用↔检修		≤35kV	Ⅴ
10	电容器停复役	运行↔热备用↔冷备用↔检修		≤110kV	Ⅴ
11	电抗器停复役	运行↔热备用↔冷备用↔检修		≤110kV	Ⅴ
12	电压互感器停复役	运行↔检修		≥220kV	Ⅳ
				≤110kV	Ⅴ
		运行↔冷备用		≥35kV	Ⅴ
13	站用电停复役	单段停役	——	——	Ⅴ
14	保护投退	投入↔退出	母线、主变保护	≥330kV	Ⅳ
				≤220kV	Ⅴ
			其他保护	——	Ⅴ

注：①一个变电倒闸操作任务包含多个操作类型（如线路＋主变同时停电），按其中最高的风险定级。

②表6-1未涵盖的变电倒闸操作项目，可参照相近的设备类型、电压等级来确定分级。

二、变电倒闸操作安全风险管控要点

变电倒闸操作安全风险管控要点如表6-2所示。

表6-2 变电倒闸操作安全风险管控要点

措施类型	操作对象	操作行为	风险点	管控措施	督查重点	典型违章
专用措施	断路器	分合闸	①断路器爆炸，造成人身伤害 ②断路器严重漏气，造成人身伤害 ③断路器高压油泄漏，造成人身伤害 ④断路器传动连杆断裂或脱销，导致合闸不到位	①严禁现场就地操作断路器。监控后合操作前，提醒现场人员远距离操作断路器 ②若操作过程中发生SF₆大量泄漏，应立即停止操作。检查时从上风口靠近，必要时佩戴防毒面具或正压式空气呼吸器 ③若操作过程中发生高压油路喷油，应立即停止操作。检查时，应做好人身防护，确保安全的前提下开启机构箱 ④检查断路器机械位置三相分合闸指示已到位，开合三相电流正常	①是否远方操作断路器 ②操作过程中发生有害气体泄漏，操作人员处置得当 ③是否检查断路器三相分合闸指示已到位，开关机构拐臂到位，开合三相电流正常	①无票操作 ②操作后断路器位置确检查断路器位置 ③错误分合断路器
	隔离开关	分合闸	①带负荷拉合隔离开关 ②隔离开关机构或回路异常，造成分闸不到位且持续放电 ③操作过程中瓷瓶断裂，造成人身伤害 ④位置检查操作不到位，造成误操作事件 ⑤母线隔离开关和线路（主变）隔离开关操作顺序不正确，造成误操作	①隔离开关操作前，检查开关三相确在分闸，后合闸电流为0 ②可以根据起弧情况将隔离开关尽可能恢复到合闸状态，待查明原因并消除异常后继续进行操作 ③操作前观察瓷瓶外观完好，防止传动瓷瓶断裂，操作人员应注意站位 ④拉开分合隔离开关后，切实做到三相触头是否完全分闸到位，后合状态机械指示、后合状态三者一致且正确	①拉合隔离开关，是否正确到位 ②停电送电操作依照顺序进行 ③是否按票操作，是否存在跳项、漏项操作 ④是否存在就地操作一次设备的行为，佩戴绝缘手套未戴绝缘手套	①无票操作 ②操作后隔开关未正确检查隔离开关位置 ③带负荷拉合AIS隔离开关 ④拉合AIS隔离开关时未戴绝缘手套

120

续表

措施类型	操作对象	操作行为	风险点	管控措施	督查重点	典型违章
专用措施	隔离开关	分合闸	⑥夜间操作，光线不足，设备状态检查不到位，引起误操作 ⑦带地线（接地闸刀）合上隔离开关 ⑧隔离开关机构或回路异常，造成合闸不到位且持续放电 ⑨隔离开关冰雪覆盖，刀口天气合闸过大导致触头发热 ⑩合闸后动静触头接触不良 ⑪就地手动操作隔离开关时，未佩戴绝缘手套，造成触电等风险	⑤停电拉闸操作应按断路器、负荷侧隔离开关、电源侧隔离开关依次进行，送电操作应按电源侧隔离开关、负荷侧隔离开关、断路器的顺序依次进行 ⑥夜间操作时，提前检查场地，照明要完好，光线要充足，必要时准备强光灯等照明设施 ⑦隔开关相关接地刀闸已拉开，地线已拆除，隔内所有相关操作前检查确认操作间隔内所有相关接地刀闸已拉开，地线已拆除，送电回路确无异物，无短路接地 ⑧操作过程中出现故障、异常及合闸不到位等现象时，应停止操作；待查明原因并消除异常后继续进行操作；合上 AIS 隔离开关后，应逐项检查三相动触头是否合闸到位，目接触良好，如同刀拐臂外露（过死点），切实观察拐臂分合闸位置是否到位，机械指示、实际位置三者一致且正确；必要时采用高倍望远镜开展位置检查 ⑨冰雪天气，隔离开关刀口覆冰雪，应采取分三次除冰雪措施，确认刀口已无冰雪覆盖后操作 ⑩操作设备无异常后，需开展红外测温，确保设备无异常发热 ⑪就地手动操作隔离开关时，应佩戴绝缘手套		

模块 6　变电倒闸操作风险管控

121

续表

措施类型	操作对象	操作行为	风险点	管控措施	督查重点	典型违章
专用措施	手车开关	手车拉出和推入操作	①带负荷拉出手车②手车拉出时倾倒，造成人身伤害③带负荷（带地线）推进手车刀，地④手车推进时倾倒⑤手车开关未打开时，造成联锁挡板手车开关触头、联锁挡板损坏	①操作手车开关时，检查开关位置及潮流，保证确已分闸到位。手车式隔离开关拉出或推入前，务必检查开关确在分闸位置②手车拉出前，转运小车与开关柜紧密锁位置正确，转运小车与开关柜紧密连接拉出后，应检查手车定位销已落槽方可解除转运小车与开关定位销的连接。对于升降式转运手车应至小车，能下放至地面的，应缓慢将手车放至地面，防止手车重心过高倾倒③进行手车开关送电前，应检查线路接地措施已拆除，送电回路无异物，无短路接地④对于升降式滑轮均在转运小车导轨上，手车提起手车，检查手车滑轮均在转运小车导轨上，手车限位落槽，方可提升手车。手车推进前，应确认转运小车与开关柜紧密连接，手车触头无变形，开关柜内无异物，运转小车车轮锁定⑤车手开关封闭。手车开关合闸后，隔离带电部位的挡板应可靠封闭。手车开关合闸时，应均匀用力，使小车匀速进入，进入过程存在卡涩、阻挡等异常现象时，应停止操作，检查手车开关，联锁挡板是否正常，必要时拉出手车，使用绝缘杆试验联锁挡板是否正常，确保无异常方可继续操作	①手车拉出前，应认真检查机械联锁位置是否正确，转运小车与开关柜是否紧密连接②手车拉出或推入隔离开关、开关或检查开关在跳项分闸位置③是否按票操作，是否存在跳项、漏项操作④操作手车开关时，是否佩戴绝缘手套	①无票操作②操作后，未正确检查手车开关位置③拉合手车开关时，未戴绝缘手套

122

模块 6　变电倒闸操作风险管控

续表

措施类型	操作对象	操作行为	风险点	管控措施	督查重点	典型违章
专用措施	接地刀闸	分合闸	①瓷瓶断裂，造成人身伤害 ②分闸位置检查不到位，接地刀闸动静触头安全距离不够，导致接带电合闸送电 ③独立接地刀闸漏拉开，导致带电接地 ④带电接地刀闸合闸送电 ⑤合闸位置检查不到位，导致接地不良，感应电伤人 ⑥冰雪天气，光线不足，设备状态检查不到位，刀口覆冰雪，导致接地不良，感应电伤人 ⑦夜间操作，光线不足，设备状态检查不到位，导致接地合闸不到位，感应电伤人 ⑧传动连杆断裂引起接地刀分闸不到位，位置检查不到位，导致接带电合闸送电	①就地操作时，操作人应注意站位，防止传动瓷瓶断裂伤人 ②拉开接地刀闸后，应检查三相动触头是否完全分闸到位，切实做到三者一致且正确 ③送电前再次检查所有接地刀闸已分闸，后台状态三者一致，回路无异物，无短路接地 ④接地刀闸合闸前严格履行验电流程。严禁接地点无电目操作接地刀闸。合上相应接地刀闸应检查三相位置，电气指示、带电显示装置、仪表及各种遥测、遥信等信号的变化，至少应对应变化原理或非电原则对应，同时发生变化，确认该设备的指示均已同时同样所有这些确定已无电且操作对象正确后，立即合上相应接地刀闸 ⑤合上 AIS 接地合闸到位（过死点）触头是否做到实际位置，机械指示良好，切实做到实际位置、后台状态三者一致且正确 ⑥冰雪天气，接地刀闸刀口覆冰雪，应采取措施除冰雪并确认刀口无冰雪，再继续进行操作 ⑦夜间操作时，提前检查场地，光线要充足，必要时准备强光灯等照明设施 ⑧GIS 接地刀闸操作，所有机械分合闸传动连杆到位，状态变化正确	①是否按操作票执行 ②合上接地刀闸前，需要同接验电的设备，是否执行间接验电流程 ③是否按票操作，是否存在跳项、漏项操作 ④是否存在就地操作一次设备未佩戴绝缘手套的行为	①无票操作 ②带电合接地刀闸 ③分合 AIS 接地刀闸时未戴绝缘手套 ④合上接地刀闸前未履行验电手续

123

续表

措施类型	操作对象	操作行为	风险点	管控措施	督查重点	典型违章
专用措施	接地线	装拆接地线	①挂接地线误入带电间隔；②装拆接地线时，触碰接地线；③装拆接地线操作顺序错误；④在高电压等级设备装设与低电压等级不匹配的接地线；⑤装设接地前未进行验电，带电操作，触电风险	①挂接地线前进行"三核对"（核对名称、编号、位置），防止走错间隔；②装拆接地线穿绝缘鞋，戴绝缘手套，严禁触碰接地线；③装设接地线时先装导体端，再拆接地端；④装设接地线前应选择与设备相对应电压等级以上的接地线；⑤装设接地线应进行验电，无电后立即装设	①装拆接地线是否佩戴绝缘手套；②是否按操作票执行；③装设接地前是否执行验电流程；④是否按票操作，是否存在跳项、漏项操作；⑤是否存在未戴绝缘手套的行为；⑥接地线是否正常	①无票操作；②装拆接地线时未戴绝缘手套；③装接地线的金属导体处有绝缘漆，导致接地线接触不良；④装设低电压等级的接地线；⑤接地线存在破损、合格证过期，接地试验不合格等问题
	验电	直接验电和间接验电	①验电器不合格，电压等级错误；②验电器可用性验证不到位；③验电器与被试设备接触不良；④未戴绝缘手套；⑤雨雪天气，室外验电	①验电前，操作人员注意检查验电器外观完好，电压等级与操作设备一致，在试验有效期内；②验电设备或高压验电发声器验电器功能完好；③采用验电器验3个点，相至少验3个点，相至少验3个点，间距至少在10厘米以上；④验电操作时穿绝缘鞋，戴绝缘手套	①操作人员验电前有无检查验电器外观完好，操作设备与操作设备外观完好，电压等级一致，合格证在试验有效期内	①无票操作；②验电时未戴绝缘手套；③同接验电时未达到两个非同源或非同原理要求

124

续表

措施类型	操作对象	操作行为	风险点	管控措施	督查重点	典型违章
专用措施	验电	直接验电和间接验电	⑥操作时手超过护环 ⑦间接验电状态检查不到位 ⑧设备电压、电流检查不到位	⑤雨雪天气，应采取间接验电方式判断有无电 ⑥验电操作时，手握部位应在护环以下目护环应处于正确位置 ⑦间接验电时应通过设备的机械指示位置、电气指示、遥测、遥信等变化判断带电显示装置 ⑧间接验电时应检查设备无电压、相关间隔无电流	②验电器在对无电设备验电前是否在相同电压等级带电设备或高压验电发声器上验明验电器功能完好 ③验电时验电器接触是否完好 ④验电操作时，戴是否穿绝缘鞋、戴绝缘手套	
	变压器	停役和复役	①停役前，未及时调整降低压站用电接线导致站用电低压失电 ②停役前，未切除运行中的无功设备，导致无功设备失压 ③停役前，未调整电网中性点接地，导致电网局部电网中性点失去接地 ④主变停役时消防自动喷淋系统、氮灭火系统未退出，可能导致误动作	①主变停役前，应先调整好站用电供电方式 ②主变停役前，应先切除无功设备并将运行中的无功设备调整退出AVC控制 ③主变停役前，注意中性点接地方式调整 ④主变停役后，根据规定将该合主变小电源运行方式调整退出 ⑤主变停役前，消防自动喷淋系统、氮灭火系统切除电网联络电源保护 ⑤充电前，现场人员远离充电设备，待设备带电5分钟并无异响后方可靠近检查 ⑥主变操作时应加强监护，随时关注主变情况，有异响、放电、着火等异常现象时立即停止操作	①是否按操作票执行 ②是否按停电操作，是否存在跳项、漏项操作 ③是否存在未佩戴绝缘手套的行为 ④主变停役前，主变接地方式调整 ⑤主变停役后，是否考虑将该合主变小电网地方调整 ⑤主变停役后，是否根据规定将该合主变规定的消防自动喷淋系统退出	①无票操作 ②停电调整主变前，未及时调整主变中性点接地，导致失去中性点接地 ③主变复役时消防自动装置未及时投入

125

续表

措施类型	操作对象	操作行为	风险点	管控措施	督查重点	典型违章
专用措施	变压器	停役和复役	⑤停役前，未及时调整电网联切小电源保护，导致部分电源回路失去联切保护；⑥主变受冲击爆裂，导致人身伤害；⑦复役后，未调整电网中性点接地，导致局部电网中性点有多点接地；⑧主变复役时消防自动喷淋系统未及时投入，导致主变失火灭火消防自动喷淋系统未动作；⑨强油循环风冷主变复役时风冷系统未投入风冷系统，导致主变油温过高跳闸	⑦主变复役后，注意中性点接地方式调整；⑧主变复役后，及时将该合主变的消防自动喷淋系统投入；⑨强油循环风冷主变复役过程中，及时将主变风冷系统投入		

模块 6 变电倒闸操作风险管控

续表

措施类型	操作对象	操作行为	风险点	管控措施	督查重点	典型违章
专用措施	母线	倒母线操作	①倒母操作过程中，母线异常导致双母线跳闸；②倒母操作时，母联开关跳闸导致隔离开关带负荷拉闸；③应合母线隔离开关不到位，导致另一母线隔离开关带负荷拉闸；④母线保护切换不正确，开关位置切换不正确或区外故障时导致母线保护误动作	①尽量缩短双母硬连接时间，倒闸操作过程严格落实倒闸操作相关规定，严防发生母联开关误操作事故；②倒母操作前，应先保证母联开关互联压板，再断开母联开关带负荷电源动作状态，先投母差互联压板，再断开开关控制电源；③母线隔离开关合上后，检查确已合闸到位，隔离措施参考 AIS（GIS）隔离开关分合操作；④母线隔离开关操作完后，预控措施励磁继电器或保护装置面板显示开关切换正确	①倒母线过程中，是否及时检查电压切换；②是否按操作票执行；③是否存在跳项、漏项操作；④是否存在未佩戴绝缘手套的行为；⑤操作过程是否检查重动元件	①无票操作；②母线侧隔离开关合上后，未及时检查对应电压重动动作
	电容器	停役	①电容器未放电直接挂接地线或合接地闸刀，电容器剩余电荷对地放电导致人身伤害；②操作过程中，电容器出现爆炸、放电异常，造成伤害	①电容器验电后，挂接地线或合接地闸刀前需对电容器放电，确保无剩余电荷方可挂上接地线或合上接地闸刀；②操作电容器过程中，出现异常声响、着火等，应立即停止操作并对其进行检查	电容器验电后，挂接地线或合接地闸刀前是否先对电容器放电	①无票操作；②电容器转检修前，未对电容器放电

127

续表

措施类型	操作对象	操作行为	风险点	管控措施	督查重点	典型违章
专用措施	保护压板	投入和退出	①保护、测控、智能终端出口硬压板放上前，未测量压板电压正确或测量不正确导致保护误出口；②保护运行方式投入或实际退入，造成保护动作拒动；③压板操作时，未拧紧螺帽导致脱落；④顺控操作票选择错误投入（退出）；⑤压板投入（退出）时，二次触电	①出口硬压板应确认压板两端无异极性电压后方能放上；②压板投入后应拧紧压板下端头螺帽，压板退出后应拧紧压板上下端头螺帽，防止退出状态的压板上下端头误接触；③确保操作票选择的程序化压票正确无误，审票要求、副值、正值、值长逐级审票正确。倒闸操作过程中加强监护；④进行压板操作（退出）操作时的应戴手套，防止二次触电	①是否存在误（漏）投入（退出）保护压板的行为；②压板投入或退出时，是否佩戴手套；③是否按操作票执行；④是否按操作票操作，是否存在跳项操作，漏项操作	①无票操作；②误（漏）投入（退出）保护压板或误切换定值区

128

续表

措施类型	操作对象	操作行为	风险点	管控措施	督查重点	典型违章
专用措施	站用交直流系统	停役和复役及切换	①停役前未调整站用电接线方式，导致站用电母线失电②站用变电母线失电，爆裂导致人身伤害③切换后导致重要负载失电④切换操作中发生直流失电⑤切换过程中发生直流接地故障	①站用变停役前应先调整好站用电供电方式②充电前，现场人员远离充电设备，待设备带电5分钟并无异响后方可靠近③站用电切换后应检查主变冷却器等重要负载运行正常④切换操作中发生直流失电，应立即恢复运行方式，查明原因后再继续操作⑤切换过程中发生直流接地故障，拉路时应尽量缩短时间。针对拉路时可能造成的保护误动作，应汇报调度退出运行，之后投入运行	①是否按操作票执行②是否按票操作，是否存在跳项、漏项操作③操作中是否检查交直流系统运行正常	①无票操作②站用电切换后交流系统失压
	消防	误动	①主变（高抗）停役时，消防自动喷淋系统未退出，可能导致误动作②消防检修或维保，未采取安全措施，导致固定灭火系统出口喷淋相别接错，导致喷出口喷淋未着火相	①主变（高抗）停役后，根据规定将该台主变（高抗）的消防自动喷淋系统退出②消防检修或维保前，应做好主变（高抗）固定灭火系统电磁阀取下等防误喷的安全措施③固定灭火系统检修维保时需要配合主变（高抗）管道开展过核相工作的，需结合主变（高抗）复役，及时将该合主变（高抗）的消防自动喷淋系统投入	①消防检修或维保前，是否做好固定（高抗）灭火系统电磁阀取下等防误喷的安全措施②现场主变消防系统各阀门状态、闭锁销状态和管路、气瓶压力是否正常，是否符合当前主设备状态	①无票操作②主变运行时，充氮灭火装置未正确投入③主变（高抗）停役时，消防系统喷淋系统未退出

续表

措施类型	操作对象	操作行为	风险点	管控措施	督查重点	典型违章
专用措施	消防	误动	④主变（高抗）复役时，消防自动喷淋系统未及时投入，导致主变（高抗）自动喷淋系统拒动 ⑤固定灭火系统启动氮气瓶或动力氮气瓶压力过低，导致固定灭火系统拒动 ⑥启动电磁阀失去电源，导致固定灭火系统拒动 ⑦消防检修或维保结束后，安全措施未恢复，导致主变（高抗）火灾时固定灭火系统拒动 ⑧埋地管道破损，导致固定灭火系统出口时，碰头压力不足，未能有效灭火	⑤加强例行巡视，检查氮气瓶压力有无下降趋势，发现启动氮气瓶或动力氮气瓶压力下降过低时及时联系维保单位处理 ⑥加强例行巡视，发现启动电磁阀或电动阀失去时，设法恢复电源，未能恢复的及时联系检修人员处理。未消缺前及主变（高抗）着火，在确保设备已断电及自身安全的前提下，手动启动（高抗）固定灭火系统 ⑦消防检修或维保结束后，需将防误试验的安全措施恢复 ⑧定期开展固定灭火系统管道保压试验，确保管道无破损、渗漏	③主变运行后，对应的消防系统是否运行正常	④固定灭火系统启动氮气瓶或动力氮气瓶压力过低，导致固定灭火系统拒动

模块 7

配电现场作业风险管控

模块 7　配电现场作业风险管控

在模块 7 中，我们将学习以下内容：①制度依据，梳理了配电作业风险管控的制度依据，为配电作业人员提供了明确的行为准则；②通过对配电作业中的风险点进行细致分析，帮助作业人员识别并理解潜在的风险因素；③详细阐述配电现场作业安全风险管控要点，聚焦不同作业类别，阐述了风险点、风险等级、管控措施、督查重点、典型违章等内容。

一、配电现场作业安全风险管控基础

（一）制度依据

①《国家电网有限公司电力安全工作规程第 8 部分：配电部分》(Q/GDW10799.8-2023)。

②《10kV 配网不停电作业规范》(Q/GDW-10520)。

③《防止电力建设工程施工安全事故三十项重点要求》(国能发安全〔2022〕55 号)。

④《国网设备部关于印发配网作业现场安全管控补充措施的通知》(设备配电〔2022〕88 号)。

⑤《国家电网有限公司进一步加强生产现场作业风险管控重点措施》(国家电网设备〔2022〕89 号)。

⑥《国网设备部关于进一步强化生产现场作业风险防控的通知》(设备技术〔2022〕75 号)。

⑦《国家电网有限公司关于修订配网工程安全管理"十八项禁令"和防人身事故"三十条措施"的通知》(国家电网设备〔2020〕587 号)。

⑧《国家电网有限公司关于进一步规范和明确反违章工作有关事项的通知》(国家电网安监〔2023〕234 号)。

(二)配电作业安全风险分类

按照设备(线路)电压等级、作业范围、作业内容、作业方式对配网作业任务进行分类,针对每类作业任务,从人身安全风险、设备重要程度、运维操作风险、作业管控难度、工艺技术要求等5类因素,分别进行作业安全和质量的风险等级(由高到低分为Ⅰ~Ⅴ级)评价,对这5类因素风险等级评价结果进行综合计分,针对配网检修和配网施工分别建立风险分级表(见7-1和表7-2),用于指导现场作业组织管理。

表7-1 配网检修作业风险分级表

序号	电压等级	作业范围	作业内容	分级
1	10kV	电缆线路检修	电缆线路本体及附件A、B、C类检修	Ⅳ
2	10kV	电缆线路检修	电缆通道A、D类检修	Ⅴ
3	10kV	电缆线路检修	涉及有限空间电缆通道A、D类检修	Ⅲ
4	10kV	电缆线路检修	E类检修	Ⅳ
5	10kV	电缆线路检修	E类检修(旁路作业)	Ⅲ
6	10kV	架空线路检修	杆(塔)A、B类检修,导线A、B、C类检修	Ⅳ
7	10kV	架空线路检修	绝缘子、金具及铁附件、拉线A、B、C类检修	Ⅳ
8	10kV	架空线路检修	杆(塔)、金具及铁附件、拉线D类检修	Ⅴ
9	10kV	架空线路检修	跨越Ⅲ级、Ⅳ级铁路,五级、六级、七级航道,三级、四级公路组立(拆除)杆(塔)、架设(拆除)导线、光缆等作业	Ⅲ
10	10kV	架空线路检修	跨越Ⅰ级、Ⅱ级铁路,一级、二级、三级航道,高速公路、一级或二级公路或邻近带电线路组立(拆除)杆(塔)、架设(拆除)导线、光缆等作业	Ⅱ
11	10kV	架空线路检修	E类检修:普通消缺及装拆附件、带电断引流线、带电接引流线、带电辅助加装或拆除绝缘遮蔽、带电更换直线杆绝缘子、带电更换直线杆绝缘子及横担、带电更换耐张杆绝缘子串	Ⅳ

续表

序号	电压等级	作业范围	作业内容	分级
12	10kV	架空线路检修	E类检修（带电作业）	Ⅲ
13	10kV	架空线路检修	E类检修：带负荷直线杆改耐张杆、旁路作业检修架空线路	Ⅲ
14	10kV	单馈线全站停	户外分支箱A、B类检修	Ⅳ
15	10kV	配电室单出线、单主变间隔停电	配电站房单出线、单主变间隔C类检修	Ⅴ
16	10kV	电缆分支箱	本体及附件A、B、C类检修	Ⅳ
17	10kV	电缆分支箱	接地D类检修	Ⅴ
18	10kV	环网柜检修	E类检修（旁路作业）	Ⅲ
19	10kV	开闭所、配电站房、环网柜、箱变检修	环境治理D类检修	Ⅴ
20	10kV	开闭所、配电站房、环网柜、箱变检修	照明及通风设备C类检修	Ⅴ
21	10kV	开闭所、配电站房、环网柜、箱变检修	环网柜A、B类检修，自动化及保护装置A、B类检修，所用变A、B类检修，室内变压器A、B类检修，箱变A、B类检修	Ⅳ
22	10kV	开闭所、配电站房、环网柜、箱变检修	直流系统B、C类检修，箱变接地装置D类检修，环网柜接地装置D类检修	Ⅴ
23	10kV	开闭所、配电站房、环网柜、箱变、分支箱构筑物检修（对应文件）	构筑物B、C、D类检修	Ⅴ
24	10kV	箱变检修	箱变C类检修	Ⅳ
25	10kV	箱变检修	箱变D类检修	Ⅴ
26	10kV	柱上设备检修	变压器A、B类检修	Ⅳ
27	10kV	柱上设备检修	断路器、隔离开关A类检修	Ⅳ
28	10kV	柱上设备检修	避雷器、电压互感器A、B类检修	Ⅳ
29	10kV	柱上设备检修	断路器、隔离开关B类检修	Ⅳ

续表

序号	电压等级	作业范围	作业内容	分级
30	10kV	柱上设备检修	变压器、断路器、隔离开关、避雷器、电压互感器C类检修，熔断器A、B、C类检修	IV
31	10kV	柱上设备检修	变压器、断路器、隔离开关、熔断器、避雷器、电压互感器D类检修	IV
32	10kV	柱上设备检修	E类检修：带电更换柱上开关或隔离开关、带电更换避雷器、带电更换熔断器	IV
33	10kV	柱上设备检修	E类检修：带负荷更换熔断器、带负荷更换柱上开关或隔离开关、带负荷直线杆改耐张杆并加装柱上开关或隔离开关、不停电更换柱上变压器	III
34	0.4kV	低压架空线路检修	低压架空线路A、B类检修	IV
35	0.4kV	低压电缆、配电柜检修	低压电缆和配电柜A、B类检修	IV
36	0.4kV	低压架空线路检修	低压架空线路C、D类检修	V
37	0.4kV	低压电缆检修	低压电缆和配电柜C、D类检修	V
38	0.4kV	低压架空线路检修	E类检修：带电简单消缺，带电安装低压接地环，带电断、接低压接户线引线（分支线路引线、耐张引线），带负荷处理线夹发热，带电更换直线杆绝缘子	IV
38	0.4kV	低压架空线路检修	E类检修：0.4kV旁路作业加装智能配变终端	IV
38	0.4kV	低压架空线路检修	E类检修：0.4kV临时电源供电	IV
39	0.4kV	低压配电柜检修	E类检修：低压配电柜（房）带电更换低压开关、带电更换配电柜电容器，低压配电柜（房）带电新增用户出线	III
39	0.4kV	低压配电柜检修	E类检修：低压配电柜（房）带电加装智能配变终端	IV
39	0.4kV	低压配电柜检修	E类检修：0.4kV临时电源供电	IV
39	0.4kV	低压配电柜检修	E类检修：0.4kV架空线路（配电柜）临时取电向配电柜供电	IV
40	0.4kV	低压电缆检修	E类检修：0.4kV带电、接断低压空载电缆引线	IV

表7-2 配网施工作业风险分级表

序号	类别	作业内容	可能产生的风险点	风险分级
1	物资转运	杆（塔）材料搬运、装卸	机械伤害、触电、物体打击，其他风险	V
2		电缆物资、配电开关柜（屏）、环网柜（箱）、电缆分支箱、柱上开关、箱式变压器、配电变压器等设备搬运、装卸		V
3	基础施工	配电杆（塔）接地，电缆沟、电缆隧道外接地施工——不包含杆（塔）顶端接地线安装	机械伤害、触电、物体打击	V
4		普通杆坑或拉线坑、设备基坑、电缆沟与隧道基坑开挖		V
5		杆（塔）、设备、电缆沟与隧道基础护坡施工		V
6		护栏施工		V
7		钢塔基础及电缆井钢筋作业（含加工、切割及焊接）	机械伤害、触电、火灾	IV
8		钢塔基础及电缆井混凝砼浇筑		
9		配电电缆沟（井）基础施工及起重作业	机械伤害、高处坠落、物体打击、火灾、触电	IV
10		配电柜（屏）基础施工及起重作业		IV
11		开闭所、配电室建设作业中，房屋横梁混凝土浇筑作业	机械伤害、高处坠落、塌方	III
12		在重要地下管线（如供水、燃气、石油管线和国防电缆等）附近采用开挖方式进行的管道建设	火灾、触电、机械伤害、爆炸，其他风险	IV
13		在重要地下管线（如供水、燃气、石油管线和国防电缆等）附近采用拉管等方式进行的管道建设	高处坠落、物体打击、火灾、触电、机械伤害、爆炸，其他风险	III
14		在重要地下管线（如供水、燃气、石油管线和国防电缆等）附近采用顶管等方式进行的管道建设	高处坠落、物体打击、火灾、触电、机械伤害、爆炸，其他风险	III
15	杆（塔）组立	配电杆（塔）排杆及组立等施工作业；杆（塔）防腐	机械伤害、高处坠落、物体打击	IV
16		在非"三跨"区域开展10（20）kV及以上配电线路电杆组立（拆除）作业	高处坠落、机械伤害、物体打击	IV

供电企业作业风险管控要点

续表

序号	类别	作业内容	可能产生的风险点	风险分级
17	杆（塔）组立	10（20）kV跨越Ⅲ级、Ⅳ级铁路，五级、六级、七级航道，三级、四级公路，10（20）kV及以上电压等级电力线路或邻近带电线路组立（拆除）杆（塔）	高处坠落、倒塔、物体打击、公共安全事件、触电	Ⅲ
18		10（20）kV跨越Ⅰ级、Ⅱ级铁路，一级、二级、三级航道，高速公路、一级或二级公路或邻近带电线路组立（拆除）杆（塔）	高处坠落、倒塔、物体打击、公共安全事件、触电	Ⅱ
19	导线架设	不存在交叉跨越、"三跨"等配电线路架设，旧导线拆除	高处坠落、机械伤害、物体打击、触电	Ⅳ
20		搭设跨越架	高处坠落、物体打击	Ⅳ
21		10（20）kV跨越Ⅲ级、Ⅳ级铁路，五级、六级、七级航道，三级、四级公路，10（20）kV及以上电压等级电力线路或邻近带电线路架设（拆除）导线、光缆等作业	高处坠落、倒塔、物体打击、公共安全事件、触电	Ⅲ
22		10（20）kV跨越Ⅰ级、Ⅱ级铁路，一级、二级、三级航道，高速公路、一级或二级公路或邻近带电线路架设（拆除）导线、光缆等作业	高处坠落、倒塔、物体打击、公共安全事件、触电	Ⅱ
23		架设低压架空线路	触电	Ⅳ
24	设备安装	配电自动化终端安装	触电、机械伤害	Ⅳ
25		低压配电箱、开关箱安装		Ⅳ
26		配电开关柜（屏）等设备安装、调试	高处坠落、机械伤害、物体打击、触电	Ⅳ
27		环网柜（箱）、电缆分支箱、箱式变压器等设备安装、调试		Ⅳ
28		柱上开关、配电变压器等设备安装、调试		Ⅳ
29		环网柜机构检修、更换工作	高处坠落、机械伤害、物体打击、触电	Ⅳ
30		开闭所、配电室等配电设备机构检修、更换工作		Ⅳ

续表

序号	类别	作业内容	可能产生的风险点	风险分级
31	设备安装	运行盘柜上二次接线	触电	IV
32	设备安装	配电开关柜（屏）、环网柜（箱）、电缆分支箱、柱上开关、箱式变压器、配电变压器等设备停电搭火	触电、高处坠落、物体打击	IV
33	设备安装	在运环网柜备用间隔接入	触电、机械伤害	IV
34	设备安装	在变电站内盘柜备用间隔接入	触电、机械伤害	III
35	电缆敷设	低压配电电缆的敷设	机械伤害、物体打击	V
36	电缆敷设	配电电缆更换、敷设及接线	机械伤害、物体打击、触电、中毒和窒息	IV
37	电缆敷设	配电电缆耐压、交接等试验	触电、中毒和窒息	IV
38	光缆敷设	架空光缆的敷设、更换、故障检修等作业	高处坠落、触电、机械伤害	IV
39	光缆敷设	电缆隧道光缆的敷设、更换、故障检修等作业	触电、中毒、机械伤害	IV
40	带电作业	普通消缺及装拆附件（绝缘杆作业法）、带电更换避雷器（绝缘杆作业法）、带电断引流线（绝缘杆作业法）、带电接引流线（绝缘杆作业法）	触电、高处坠落、机械伤害、物体打击，其他伤害	IV
41	带电作业	普通消缺及装拆附件（绝缘手套作业法）、带电辅助加装或拆除绝缘遮蔽、带电更换避雷器（绝缘手套作业法）、带电断引流线（绝缘手套作业法）、带电接引流线（绝缘手套作业法）、带电更换熔断器（绝缘手套作业法）、带电更换直线杆绝缘子（绝缘手套作业法）、带电更换直线杆绝缘子及横担（绝缘手套作业法）、带电更换耐张杆绝缘子串、带电更换柱上开关或隔离开关	触电、高处坠落、机械伤害、物体打击，其他伤害	IV

续表

序号	类别	作业内容	可能产生的风险点	风险分级
42	带电作业	带电更换直线杆绝缘子（绝缘杆作业法）、带电更换直线杆绝缘子及横担（绝缘杆作业法）、带电更换熔断器（绝缘杆作业法）、带电更换耐张杆绝缘子串及横担、带电组立或撤除直线电杆、带电更换直线电杆、带直线杆改终端杆、带负荷更换熔断器、带负荷更换导线非承力线夹、带负荷更换柱上开关或隔离开关、带负荷直线杆改耐张杆、带电断空载电缆线路与架空线路连接引线、带电接空载电缆线路与架空线路连接引线	触电、电弧伤害、高处坠落、机械伤害、物体打击，其他伤害	Ⅲ
43		带负荷直线杆改耐张杆并加装柱上开关或隔离开关	触电、电弧伤害、高处坠落、机械伤害、物体打击，其他伤害	Ⅲ
44		不停电更换柱上变压器		
45		旁路作业检修架空线路		

二、配电现场作业风险管控要点

配电作业公共部分主要包括临时用电布设、施工机械使用、一般运输、施工机具及安全工（器）具使用、高处作业及动火作业等 6 个方面，经风险辨识，分析出存在的危险点并制订相应的预控措施。配电现场作业风险管控要点如表 7-3～表 7-8 所示。

模块 7 配电现场作业风险管控

表 7-3 公共部分

类别	风险点	管控措施	督查内容 督查重点	督查内容 典型违章
临时用电布设	触电、火灾	①临时用电低压线路应使用"三相五线制"，L 线绝缘铜线截面不小于 10 平方毫米，绝缘铝线路的零线截面不小于 16 平方毫米，N 线和 PE 线截面不小于相线截面的 50%，单相线路的零线截面与相线截面相同。②电缆中必须包含全部作保护零线或保护线的芯线。需要"三相四线制"配电的电缆线路必须采用五芯电缆。直埋电缆敷设深度不应小于 0.7 米，应设置通道走向明显标示牌，严禁沿地面明设敷设，通过道路时应采取加装保护管、槽盒等保护措施。③临电使用直埋电缆的接头应设在防水接线盒内。④配电系统必须按照总平面布置图规划，设置三级（首级、末级）配电，开关箱、配电箱应放置电气示意图。⑤配电箱应由持有低压电工证的专职电工管理，严禁采用插头和插座进行活动连接。移动式配电箱、开关箱应加锁并设置绝缘垫。⑥配电箱、开关箱必须的电源进线端，出线设在总配电箱、配电箱和开关箱进，开关箱设在设备的操作。开关箱靠近负荷的一侧，应具有检验标识且不得用于启动电气设备的操作。⑦漏电保护器应装设在总配电箱、开关箱中漏电保护器的额定漏电动作电流不应大于 30mA，额定漏电动作时间不应大于 0.1s。其额定漏电动作电流或所处介质潮湿环境中漏电动作电流不应大于 15mA，额定漏电动作时间不应大于 0.1s。总配电箱中漏电保护器的额定漏电动作电流大于 30mA，额定漏电动作时间大于 0.1s，但其额定漏电动作电流与额定漏电动作时间的乘积不应大于 30mA·s	①查看作业通道内是否设置明显标识牌 ②查看临电使用直埋电缆的接头是否设在防水接线盒内 ③查看配电箱是否安装漏电保护装置 ④查电配电箱是否实行三级配电，有无短路、过载保护器和剩余电流动作保护装置 ⑤检查施工人员低压电工证	电动工（器）具的单相电源线未选用三芯橡胶软线胶线、三相电源线未选用五芯橡胶电缆。施工、检修用电设施防触电措施不完善。未按规定安装漏电保护装置，电动工具做到"一机一闸一保护"。电源箱、发电机、电焊机、电动工具保护接地（零）连接不正确牢固可靠

141

续表

类别	风险点	管控措施	督查内容	
			督查重点	典型违章
临时用电布设	触电、火灾	⑧在施工现场专用变压器供电的TN-S"三相五线制"系统中，所有电气设备外壳应做保护接零目接地线截面不小于16平方毫米 ⑨在保护零线（PE线）每一处重复接地装置的接地电阻值不应大于4Ω。在工作接地电阻值允许达到10Ω的电力系统中，所有重复接地的等效电阻值不应大于10Ω。配电箱接地电阻必须进行测试并在电源箱外壳上标明测试人员、仪器型号、测试电阻值 ⑩接火前，应确认高、低压侧有明显的断开点。接火设专人监护，施工人员不得置自离岗。接火前检查总配电箱接地可靠，防护围栏满足要求 ⑪接入、移动或检修用电设备时，必须切断电源并做好安全措施后进行 ⑫发电机供电系统可视断路器或断开关及短路、过载保护 ⑬发电机在使用前必须确认用电设备与系统电源的接地措施，接地线应使用多股软铜线且接地线截面不应小于16平方毫米 ⑭发电机金属外壳应有可靠有明显可见的断开点并有明显可见的断开点 ⑮发电机工作时，应铺设绝缘胶垫并设置安全围栏。配电箱必须加锁并配备消防器材。发电机必须配置可用于扑灭电气火灾的灭火器，周边禁止存放易燃、易爆物品。发电机的燃料必须存储在危险品仓库内	⑥发电机是否有接地 ⑦检查现场是否有灭火器及灭火器是否有检查记录	

142

模块 7 配电现场作业风险管控

续表

类别	风险点	管控措施	督查内容		
			督查重点	典型违章
施工机械使用	机械伤害、触电、物体打击、其他伤害	1. 通用措施 ①重大物件的起重、搬运工作应由有经验的专人负责，作业前应进行技术交底。起重搬运时设置专人统一指挥，起重指挥信号应简明、统一、畅通、分工明确 ②起重设备应经检验，检测机构检验合格。特种设备作业应在特种设备安全监督管理部门登记 ③对在用起重设备，每次使用前应进行一次常规性检查。检查吊车的外观及吊臂、吊钩、液压系统、制动系统、限位器、吊钩的防脱装置等完好并做好记录，起吊前应先试吊 ④在道路施工应装设遮栏（围栏）并悬挂警示标示牌 ⑤起重设备的操作人员和指挥人员经考试合格并经单位批准。特种设备操作和指挥人员应持特种作业操作证。其类型应与所操作（指挥）的起重设备类型相符。起重设备作业人员在作业中应严格执行起重设备操作规程和有关安全规章制度 ⑥有大雾、照明不足，指挥人员看不清各工作地点或起重机工作范围内情况不清时，不应进行起重作业 ⑦在起吊、牵引过程中，受力钢丝绳的周围，上下方及转向滑车内角侧，吊臂和起吊物的下面不应有人逗留和通过 ⑧作业时，禁止吊物上站人，作业人员不应利用吊钩来上升或下降，装载机斗禁止上载人 ⑨没有得到起重车司机的同意，任何人不应登上起重机 ⑩叉车搬运车在使用前应检查各个构件是否完好，负荷不得超过铭牌规定，确保升降系统的稳定性、制动器的可靠性 ⑪如在户外使用叉车，行驶路径的地面应平整坚实，如行驶区域崎岖不平，应先将道路夯实平整	①查起重机制动装置是否失灵、不灵敏，查吊车限位器防脱闭锁是否损坏 ②吊车吊装过程中吊钩防脱闭锁是否闭锁 ③现场是否对作业的牵引工具及张紧机、绞磨等吊车、斗臂车等大型施工机械采取防感应电接地措施 ④查看钢丝绳与铁件绑扎处是否采取软物或采取防滑措施	起重机械没有制动和逆止装置失灵、不灵敏。吊车限位器失灵，防脱闭锁装置损坏。无制动装置（车）或失效。现场未对作业的牵引工具及张紧机、绞磨等吊车、斗臂车等大型施工机械采取防感应电接地措施。起重机驶至铺设绝缘垫、接地不可靠

续表

类别	风险点	管控措施	督查重点	督查内容	典型违章
施工机械使用	机械伤害、触电、物体打击、其他伤害	⑫叉车在运输及作业过程中应安排有经验的人员指挥 ⑬汽车式起重机指挥人员应持有Q1证书，司机应持有Q2证书，叉车司机应持有N1证书。高空作业车（斗臂车）、挖坑立杆一体机、架空立杆一体化作业车、水平定向钻机、应急发电车、UPS电源车、旁路车、挖机等非特种设备的车辆机械，以及绞磨、液压机等器具的操作人员应取得相应区域的技能培训合格证 2.使用机械在临近带电线路及设备区域作业时的管控措施 ①作业时，起重机臂架、吊具、辅具、钢丝绳及吊物等与架空输电线路和其他带电体的距离不应小于相关标准、规范的规定 ②机械在临近带电线路及设备区域使用起重机械、放线设备等时，应安装接地线并可靠接地，接地线应用多股软铜线，其截面积不应小于16平方毫米 ③起重机上驾驶室、操作室内应铺设绝缘垫 ④起重设备长期或频繁地靠近带电线路架空线路或其他带电体作业时，应采取设置限位器、专人监护等隔离防护措施 ⑤起吊前，起重设备应可靠接地，接地线应由多股软铜线和接地体钎组成。接地线接至接地钎与接地设备之间应由2组螺栓连接固定。接地钎埋深不得小于0.6米 ⑥开挖前，应联系电缆运行主管单位获取管线图，取得许可后采用人工挖探坑方式明确地下设施的确切位置并做好防护措施 ⑦挖机作业时，防止挖臂、铲斗等误碰其他建筑或设备，与其他建筑设备或设备距离不应小于相关标准、规范的规定应设专人监护，必要时采取设置围栏等防止误碰带电设备的隔离防护措施 3.起吊、运输物件时的管控措施 ①吊件起100毫米后应暂停，检查起重系统的稳定性、制动器的可靠性、物件的平稳性、绑扎的牢固性，继续起吊前，应再次检查各受力部位，确认无异常情况，对吊件应拴好控制绳	⑤查起吊过程中吊臂下方是否有人员逗留 ⑥钢丝绳是否有断骨现象 ⑦查起重机上驾驶室、操作室内是否铺橡胶绝缘垫 ⑧挖机作业前是否设专人监护 ⑨查起吊前是否检查各受力部位，是否异常情况，是否对吊件拴好控制绳		

144

续表

模块7　配电现场作业风险管控

类别	风险点	管控措施	督查重点	典型违章
施工机械使用	机械伤害、触电、物体打击、其他伤害	②起吊物件应绑扎牢固，若物件有棱角或特别光滑的部位应在棱角和滑面与绳索（吊带）接触处加以包垫。起重吊钩应挂在物件的重心线上。吊电杆等长物件应选择合理的吊点并采取措施防止突然倾倒 ③起重设备、吊索具和其他大风时，不应露天进行起重工作。当风力达到5级以上时，受风面积较大的物体不宜起吊、雷雨时，应停止野外起重作业 ④遇有6级以上的大风时，不应露天进行起重工作 ⑤在整体起吊过程中，车辆不得熄火，驾驶员不得离开操作室 ⑥吊车作业区域设置围栏，围栏范围应大于起吊半径。摆放足够数量的警示牌，设置专责监护人，提醒"前方施工、减速慢行"的警示牌，误入施工区域 ⑦起吊过程中及车辆避免车辆行人及车辆碾压钢丝绳 ⑧施工人员应离开安全警示带（塔）高度的1.2倍以外 ⑨设备应与运输车辆固定。操作人员检查车辆周围无影响行驶的障碍物，启动前应告知周围人员并设专人监护，避免造成碰撞 ⑩叉车运输前，操作人员与叉车采取可靠的固定措施。在运输过程中，确认无误后方可进行运输，叉车轮、支腿或履带的前端或外侧与沟、坑边缘的距离不应小于沟、坑深度的1.2倍，其他则应采取支腿全伸与地面，加大支腿与地面接触面积等防倾、防坍塌措施 ⑫起重机停放或行驶时，其车轮、支腿或履带必须平整地面，不应在暗沟、地下管线等上面作业；无法避免时，应采取防护措施。支撑腿采取全伸出方式，支撑腿下方垫枕木 ⑬作业时，起重机应置于平坦、坚实的地面上。不应在暗沟、地下管线等上面作业；无法避免时，应采取防护措施。支撑腿采取全伸出方式，支撑腿下方垫枕木 ⑭运输前，对运输车辆进行全面检查，车辆的刹车制动应完好	①查在吊装过程中驾驶员是否离开操作室 ②查遇恶劣天气是否仍然进行起重吊工作 ②查起重机支撑腿是否全部伸出，支撑腿下方是否垫枕木	

续表

类别	风险点	管控措施	督查内容	
			督查重点	典型违章
一般运输	物体打击、爆炸	①装运电杆、变压器和线盘应绑扎牢固并用绳索绞紧。水泥杆、线盘的周围应塞牢，防止滚动，移动伤人。运载超长、超高或重大物件时，物件重心应与车厢承重中心基本一致，超长物件尾部应设明显标示牌，不得客货混装。②多人抬运时，应同肩，步调一致，雨、雪后抬运时应相互呼应协调。重大物件不得直接用肩打扛。③采用钢管或滚木搬运时，应设专人指挥，钢管或滚木承受重物后，两端应各露出约30厘米，以便调节转向，手动调节钢管或滚木时，应注意防止压伤手指。上坡、下坡时均应对重物采取防止下滑的措施。④装卸设备时，必须制订安全操作规程。装卸时应轻搬轻放，防止发生撞击、摩擦。搬运过程做好防护，采取适当加固措施，防止设备损坏。⑤搬运的过道应平坦、畅通。夜间搬运，应有足够的照明。若需经过山地陡坡或凹凸不平之处，应预先制订运输方案。通过便桥、坡路、坑洼等处及路面较窄处时，应减速行驶，必要时设专人下车指挥通行。⑥装卸电杆等物件应采取措施，防止散落伤人。分散卸车时，每卸一根之前，应防止其余杆件滚动。⑦使用机械牵引杆件上山时，继续运送前，应将杆身绑牢，钢丝绳不应触磨岩石或绑扎牢固面。牵引路线两侧5米以内设置专人进行监护，禁止人员逗留或通过。⑧按要求运输，存放与使用各类气瓶；运输车辆应配置灭火器要求类气瓶，不得与易燃、易爆物品混装，存放及押运人员应正确掌握灭火器材使用方法；气瓶装卸、运输过程禁止烟火	①查装运电杆、变压器和线盘是否绑扎牢固 ②查接线管或接线头是否有卡住过滑轮、横担、树枝、房屋等处是否有卡住现象 ③查电杆下是否随时将支垫处用木楔塞牢 ④检查装卸电杆等物体是否采取措施，以防止滚动移动伤人	

146

模块 7 配电现场作业风险管控

续表

类别	风险点	管控措施	督查内容	
			督查重点	典型违章
施工机具及安全工(器)具使用	物体打击、机械伤害、触电	1.通用管控措施 ①起重链不应打扭,亦不应拆成单股使用。使用中发生卡链,应将受力部位封固后方可进行检修 ②两台及两台以上链条葫芦起吊同一重物时,重物的重量应小于每台链条葫芦的允许起重量 ③使用中发生卡链情况,检修前应将重物垫好 ④钢丝绳使用时应与绳卡、绳套固定连接牢靠 ⑤钢丝绳应定期做好保养、维护、检验措施 ⑥合成纤维吊装带使用时应避免与尖锐棱角接触,若无法避免装设护套 ⑦使用卸扣时,钢丝绳的力不得作用在卸扣销轴上,不得横向受力,避免吊物脱落 ⑧卸扣提拉钢丝绳的过程中,钢丝绳不得作用在卸扣体上,容易造成卸扣销轴断面磨损达原尺寸的3%～5%时,应报废处理 ⑨严格按照卸扣安全使用负荷,不准超负荷使用 ⑩卸扣任何部位产生裂纹、塑性变形、螺纹脱扣、轴销和销体断面磨损达原尺寸的3%～5%时,应报废处理 ⑪吊装完毕后,存放在干燥处,严禁将卸扣和横销乱扔,向下抛掷,以防生锈 ⑫无制造标记或不合格证明的卸扣,需进行拉伸强度试验,合格后才能使用 ⑬卸扣表面应光洁,不能有毛刺、切纹、尖角、裂纹、夹层等缺陷 ⑭地锚选用应经过计算,抗拔力应满足方案要求。临时地锚应有防雨水浸泡措施 焊接或补强法补卡环缺陷	①卸扣方向是否正确,是否横向受力 ②钢丝绳起吊过程中与绳卡是否连接可靠 ③起吊过程中,大型物件是否使用牵引绳 ④吊装完毕后是否将卸扣和横销乱扔	链条葫芦在操作中超规定荷载使用,操作人员站在链条葫芦正下方。卸扣起吊重物,销轴扣在起吊活动的绳套插内。钢丝绳套接长度不足,绳卡方向错误,绳卡数量不符合规范要求

147

续表

类别	风险点	管控措施	督查内容	
			督查重点	典型违章
施工机具及安全工器具使用	物体打击、机械伤害、触电	⑮地锚的分布和埋设深度应根据现场所用地锚用途和周围土质设置，应设置排水沟 ⑯不应使用弯曲和变形严重的钢质地锚 ⑰不应使用出现横向裂纹或有严重损坏的木质锚桩 ⑱插接的环绳或绳套，其插接长度应不大于钢丝绳直径的15倍且不应小于300毫米。新插接的钢丝及绳套应做125%允许负荷的抽样试验 ⑲通过滑轮及卷筒的钢丝绳不应有接头 ⑳吊装带用于不同承重方式时应严格按照标签给予的定值使用 ㉑不应使用外套破损显露损的纤维绳。纤维绳（麻绳）有霉烂、腐蚀、损伤者不应用于起重作业 ㉒不应使用出现松股、散股、断股、严重磨损的纤维绳 ㉓机械驱动时不应使用纤维绳 ㉔棘轮紧线器操作时，操作人员不应站在棘轮紧线器正下方 2. 施工机具管控措施 ①机具应统一编号，专人保管，入库、出库、使用前应检查。不应使用损坏、变形、有故障等不合格的机具 ②自制或改装及主要部件更换或检修后的机具，使用前应按其用途依据国家相关标准进行型式试验项目经试验合格 ③绞磨应放置平稳，锚固应可靠，受力前方不应有人，锚固钢绳应有防滑动措施并可靠接地 ④绞磨作业前应检查和试车，确认安置稳固，运行正常，制动可靠，各传动机构、工作装置、制动器以及紧固件等均应紧固可靠，开式齿轮、皮带轮等均应有防护罩 ⑤绞磨作业时不应向滑轮上套钢丝绳，不应在卷筒、滑轮附近用手触碰运行中的钢丝绳，不应跨越正走中钢丝绳，不应在导向滑轮的内侧逗留或通过	⑤查吊装带是否有破损 ⑥绞磨是否放置平稳，锚固是否可靠，受力前方是否有人，锚固绳是否有防滑动措施并可靠接地 ⑦链条葫芦、手扳葫芦、吊钩式滑车等装置的吊钩和起重作业用的吊钩是否有防止脱钩的保险装置	

续表

类别	风险点	管控措施	督查内容	
			督查重点	典型违章
施工机具及安全工器具使用	物体打击、机械伤害、触电	⑥牵引绳使用的绞磨机受力前方不得脚踩引绳，拉磨尾绳人员应站在锚桩后方且不少于2人 ⑦滚筒凸缘高度至少比最外层绳索的表面高出该绳索的一个直径。吊钩放在最低位置时，滚筒上至少剩余5圈绳索，绳索固定点良好 ⑧机械转动部分防护罩完整，开关及电动机外壳接地良好 ⑨卡线器的规格，材质应与线材的规格、材质相匹配。不应使用有裂纹、弯曲、转轴不灵活或钳口斜纹磨平等缺陷的卡线器 ⑩放线架应垂直，应有刹车制动装置 ⑪链条（手扳）葫芦使用前应检查吊钩、链条、转动装置及制动装置，吊钩、链轮或制动轮卡变形及链条磨损达10%时不应使用。制动装置不应沾染油脂 ⑫使用的滑车吊钩部分应检查，不应使用有裂纹、轮沿破损等情况的滑轮 ⑬滑车及滑车钩应使用有防止脱钩的保险装置或开门滑车时应将开门勾环扣紧，防止绳索自动跑出 ⑭使用的滑车及滑车组使用前应检查开门防止脱钩的保险装置或开门滑车时应将开门勾环扣紧，防止绳索自动跑出 ⑮滑车不应拴挂在不牢固的结构物上。拴挂固定滑车的桩或锚应埋设牢固可靠 ⑯棘轮紧线器使用前应检查吊钩、钢丝绳，各连接部位出现松动或钢丝绳有断丝、锈蚀、退火等情况时不应使用 ⑰链条葫芦和手扳葫芦在带负荷停留较长时间或过夜时，采用手拉链或扳手绑扎在起重链上或采取其他保险措施	⑧放线滑车闭锁是否完好无损，作业中是否闭锁 ⑨施工机械等接地是否可靠连接 ⑩查使用的安全工（器）具是否损坏、变形，有故障	

续表

类别	风险点	管控措施	督查重点	督查内容	典型违章
施工机具及安全工具（器）具使用	物体打击、机械伤害、触电	3. 电动工具、安全工具管控措施 ①电力安全工（器）具应统一编号，专人保管，人库、出库、使用前应检查。不应使用损坏、变形、有故障等不合格的安全工（器）具 ②连接电动机械及电动工具的电气回路应单独设开关或插座并装设剩余电流动作保护装置，金属外壳应接地。电动工具应做到"一机一闸一保护" ③电动工具使用前应检查确认电线、接地或接零接完好，检查确认工具的金属外壳可靠接地 ④长期停用或新领用的电动工具应用绝缘电阻表测量其绝缘电阻，若带电部件与外壳之间的绝缘电阻值达不到2MΩ，不应使用。电动工具的电气部分维修后，应进行绝缘电阻测量及绝缘耐压试验 ⑤使用电动工具，不应手提导线或转动部分。使用金属外壳的电动工具，应戴绝缘手套 ⑥电动工具的电线不应接触热体或放在湿地上 ⑦使用电动工具的工作过程中，因故离开工作场所应暂时停止工作及调重车辆和重物压在电线上 ⑧在潮湿或含有酸类的场地上使用24V及以下电动工具，否则应使用Ⅱ类电动工具时，应立即切断电源 ⑧在潮湿或含有酸类的场地上应使用24V及以下电动工具，无延时的剩余电流动作电流小于30mA，无延时使用非安全电压的行灯时，应选用Ⅲ类电动工具并应选用额定剩余动作电流小于10mA，延时的剩余电流动作保护装置并使用Ⅱ类电动工具			

150

模块 7 配电现场作业风险管控

续表

类别	风险点	管控措施	督查内容	
^	^	^	督查重点	典型违章
高处作业	高处坠落、物体打击、触电、其他伤害	1. 坠落高度基准面 2 米及以上的高处作业应作业管控措施 ①在没有栏杆脚手架工作时，高度超过 1.5 米的作业，应使用安全带或采用其他可靠的安全措施 ②高处作业应搭设脚手架、使用高空作业车、绝缘斗臂车，使用升降平台或采取其他防止坠落的措施 ③使用高空作业车、绝缘斗臂车、高处作业平台等进行高处作业时，高处作业平台应处于稳定状态，作业人员应使用安全带。高处作业车（带斗臂）使用前应在预定位置空斗试操作一次平台上不应载人。高处作业区周围的孔洞、沟道等应设盖板、安全网或应设红灯示警 ④高处作业区周围的孔洞、沟道等应设盖板、安全网或应设红灯示警 ⑤在屋顶及其他危险的边沿进行工作，临空一面应安设防护栏杆，作业人员应使用安全带 ⑥哨壁、陡坡的工作地或人行道上，冰雪、碎石、泥土应经常清理，栏杆内侧 1050 毫米～1200 毫米高的栏杆、栏杆内或设 180 毫米高的侧板一侧应设 1050 毫米～1200 毫米高的栏杆 ⑦在电焊作业中或其他有火花、熔融金属等场所使用的安全带或安全绳应有隔热防磨套 ⑧安全带挂钩或绳子应挂在结实牢固的构件上或专为挂安全带用的钢丝绳上，应采用高挂低用的方式；不应挂在移动或不牢固的物件上（如隔离开关支持绝缘子、母线支柱绝缘子、避雷器支柱绝缘子等） ⑨高处作业使用前的安全带应符合相关国家标准的要求。安全带应带的绳索在使用过程中应进行外观检查。安全带应定期检验，不合格者不应使用。高处作业使用前应使用的安全带是否齐全 ⑩作业人员在作业过程中，应随时检查安全带是否齐全。高处作业位置变动时不应失去安全保护	①查使用的脚手架是否采取防坠落措施，绝缘斗臂车是否使用安全带 ②检查安全带是否挂在牢固构件上，是否低挂高用 ③查高处作业区周围的孔洞、沟道盖板、临空护栏（围栏）、安全明显标志牌 ④检查作业人字梯是否有限制开度标识，作业时是否有人扶梯	①作业人员未正确穿戴安全带（绳），未系安全带背带、胸带、绑腿带 ②在脚手架上使用不牢固临时物体作为补充台阶，脚手板未满铺、铺实 ③现场使用的绝缘梯支设不牢固，固定不可靠，作业中梯子无人扶持 ④高处作业上下抛掷工器具、材料，高处作业人员接打手机，携带工具登杆。高处作业过程中，施工器具或材料未采取防坠落措施

151

供电企业作业风险管控要点

续表

类别	风险点	管控措施	督查内容	
			督查重点	典型违章
高处作业	高处坠落、物体打击、触电、其他伤害	①腰带和保险带、保险绳应有足够的机械强度，材质应耐磨，卡环（钩）应有保险装置，操作使用前应经验收合格。上下脚手架应走斜道或梯子，作业人员不应沿脚手杆或栏杆等攀爬，脚手架与端部盖扣丝扣等采取防止坠落的措施 ②脚手架宜与墙体可靠固定，脚手板两端应与支撑杆可靠固定，脚手架的安装、拆除和使用应执行国家相关标准的规定 ③脚手板应满铺目板，接触点应加装防滑垫等措施。梯子的支柱应能承受作业人员及所携带的工具、材料的总重量 ④梯子应坚固完整，接触点应加装防滑垫等措施。梯子的支柱应能承受作业人员及所携带的工具、材料的总重量 ⑤单梯的横档应嵌在支柱上并在距梯顶1米处设限高标志。使用单梯工作时，梯腿与地面的斜角度约为65度～75度，设人监护 ⑥梯子不宜绑接使用。人字梯应有限制开度的措施 ⑦人在梯子上时，应有专人扶持，不应移动梯子 2. 高处作业中的工具、工（器）具应使用绳索 ①高处作业应使用工具袋。上下传递材料、工（器）具应使用绳索 ②工件、边角余料应放置在牢靠处或采取铁丝扣等采取防止坠落的措施 ③高处风险作业，除有关人员外，他人不应在工作地点下方通行或逗留，存在人员误入风险的地方，应设置遮栏（围栏）或其他保护装置。若在格栅式的平台上工作，应采取铺设木板等有效隔离措施 3. 邻近带电电线路作业时的控制管措施 ①邻近带电电线路作业的，应使用绝缘绳索传递工具，较大的工具应用绳拴在牢固的构件上 ②邻近带电线路及设备作业，应保持足够的安全距离 4. 低温或高温环境下的长时间高处作业 ①低温或高温环境下的长时间高处作业，应采取保暖或防暑降温措施，作业时间不宜过长 ②在5级以上的大风及暴雨、雷电、冰雹、大雾、沙尘暴等恶劣天气下，应停止露天高处作业 5. 特殊情况下，确需在恶劣天气下进行抢修时应先制订相应的安全措施并经本单位批准	⑤查邻近带电作业时，是否使用绝缘绳索，是否设专人监护 ⑥与邻近带电线路是否保持足够的安全距离 ⑦遇恶劣天气是否停止露天作业	⑤在带电设备附近作业前未计算校核安全距离、作业目未采取有效措施

152

模块 7 配电现场作业风险管控

续表

类别	风险点	管控措施	督查内容	
			督查重点	典型违章
动火作业	火灾、中毒和窒息、爆炸	①动火作业应有专人监护，动火作业前应清除动火现场及周围的易燃物品并配备足够适用的消防器材；②动火作业间断或终结后，离开现场前应清理现场，确认无残留火种；③一、二级动火工作，在次日动火前应重新检查消防安全措施并测定可燃气体、易燃液体的可燃蒸汽含量是否合格；④一级动火工作过程中，应每隔2～4小时测定一次现场可燃气体、易燃液体的可燃蒸汽含量是否合格，当发现动火异常升高时停止动火，在未查明原因或未排除险情前不应重新动火；⑤一级动火作业，间断时间超过2小时，继续动火前应重新测定可燃气体、燃液体的可燃蒸汽含量是否合格；⑥动火执行人、监护人同时离开作业现场，间断时间超过30分钟，继续动火前，动火执行人、监护人应重新确认安全条件；⑦在电缆沟盖板上或邻近运行电缆旁动火作业时，应采取加装防火毯等防火措施，将运行电缆保护好；⑧焊接、切割设备接地网时，工作场所应有良好的照明。在焊接工作时，宜设挡光屏，确实无法清除的，必须采取石棉布或戴防火眼罩等可靠的隔离防护措施；⑨进行焊接作业时，作业人员应必须佩戴防护眼镜、胶皮手套、防护服、胶鞋，焊接导线及钳口接线应有可靠绝缘，焊机不得超负荷使用；⑩动火作业现场的通排风应良好，有限空间使用排风机进行通风，保证泄漏的气体能顺畅排走	①查在重点动火部位，防火场所及禁止明火的区域产生或间接产生明火，动火作业是否使用动火票；②查动火作业是否有专人监护，是否清除动火现场的易燃物品，是否配备足够的消防器材；③查是否在禁止动火的情况下开展动火作业	不同压力容器气瓶和的减压器混用或替代使用。氧气瓶和乙炔气瓶之间的距离小于5米。气瓶靠近热源或距明火10米以内。橡胶管未分色、老化。气瓶的缓冲垫减震圈缺失

153

续表

类别	风险点	管控措施	督查重点	典型违章
动火作业	火灾、中毒和窒息、爆炸	①气瓶搬运应使用专门的抬架或手推车 ②用汽车运输气瓶，气瓶不应顺车厢纵向放置，应横向放置并可靠固定。气瓶押运人员应坐在司机驾驶室内，不应坐在车厢内 ③不应将氧气瓶与乙炔气瓶和易燃物品或存有其他可燃气体的容器放在一起运送 ④使用中的氧气瓶和乙炔气瓶应垂直固定放置，氧气瓶和乙炔气瓶的距离不应小于5米。气瓶的放置地点不应靠近热源，应距明火10米以外	④查氧气瓶是否与乙炔气瓶、易燃物品或存有其他可燃气体的容器放在一起运送。查动火作业中使用的机具、气瓶等是否合格、完整 ⑤检查动火人员的资质及安全工(器)具	
有限空间作业	中毒、窒息	①有限空间作业应坚持"先通风、再检测、后作业"的原则，作业前应进行风险辨识，分析有限空间内气体种类并进行评估监测 ②保持有限空间出入口畅通，设置遮栏(围栏)和明显的安全警示标志及警示说明，夜间应设警示灯 ③进入有限空间作业，应在作业人员入口处设专责监护人。监护人员应与作业人员保持联系，人员规定明确的联络信号并与作业人员和设备遗留后，方可解除作业区域封闭，隔离及安全措施，履行作业终结手续 ④有限空间作业现场的氧气含量应在19.5%～23.5%。有害有毒气体、可燃气体、粉尘等许浓度应符合国家相关标准的安全要求，不符合时应采取清洗或置换等措施	①查进入电缆井、电缆隧道等有限空间作业是否执行"先通风、再检测、后作业"的要求 ②查有限空间作业是否设置监护人	有限空间作业未执行"先通风、再检测、后作业"的要求

154

续表

类别	风险点	管控措施	督查内容	
			督查重点	典型违章
有限空间作业	中毒、窒息	⑤有限空间内盛装或者残留的物料对作业存在危害时，作业前应对物料进行清洗、清空或置换，危险有害因素符合相关要求后方可进入有限空间作业。⑥有限空间作业中应保持通风良好，禁止用纯氧进行通风换气。在有限空间内进行涂装、防水、防腐，明火及热熔焊接作业，以及在电缆隧井、电缆隧道内等场所检修施工时，作业过程中应进行连续机械通风。⑦氧气浓度和有害气体、可燃性气体、粉尘的浓度检测的时间不宜早于作业开始前30分钟。作业中断超过30分钟，应当重新通风、重新检测合格后方可进入。⑧作业人员应正确佩戴使用符合要求的安全防护设备与个人体防护装备，主要有安全帽、安全带、安全绳、呼吸防护用品、管井作业时，便携式气体检测报警仪、照明灯和对讲机等。出入电缆隧道、电缆（通信）管井作业时，应使用硬质梯子、严禁随意蹬踩电（光）缆或电（光）缆支架、托架、托板、附件等附属设备。⑨发现通风设备停止运转，或者有毒、有害气体浓度高于国家标准或行业相关标准规定的限值，应立即停止有限空间作业，撤离作业人员，清点作业人员，撤离作业现场	③查作业人员是否携带便携式有害气体测试仪及自救呼吸器	

155

表 7-4 架空线路作业

类别	风险点	管控措施	督查重点	督查内容 典型违章
杆（塔）及重大物件运输	机械伤害、物体打击、其他伤害	1. 杆（塔）及重大物件起吊转运管控措施 ①起重设备、吊索具和其他起重工具的工作负荷不得超过铭牌规定 ②重大物件的起重、搬运工作应由有经验的专人负责，作业前应进行技术交底。起重搬运信号应简明、畅通、分工明确 信号。起重指挥工作时只能由一人统一指挥，必要时可设置中间指挥人员传递 ③杆（塔）起吊过程中，受力钢丝绳的周围，上下方、内侧和起吊物的下方，严禁有人逗留和通过 ④作业时，禁止吊物上站人，禁止作业人员利用吊钩来上升或下降 ⑤起重机应停于平坦、坚实的地面上。不得在暗沟、地下管线等上面作业，无法避免时应采取增加钢板、枕木等防护措施 2. 杆（塔）转运及人工搬运过程的管控措施 ①装运杆（塔）须绑扎牢固并用绳索绞紧，水泥杆的吊点应选择合理的吊点并采取防止突然倾倒的措施 ②起吊物件应捆绑牢固，若物件有棱角或特别光滑的部位必须在棱角和滑面写绳索（吊带）接触处加以包垫。起重吊钩应挂在物件的重心线上。起吊电杆等长物件时用绳索绞紧，水泥杆的周围应塞牢，防止滚动、移动。禁止客货混装 ③多人抬运，雨雪不得停在有坡度的路面上。重大物件不得直接用肩扛运。雨雪后抬运应有防滑措施 ④装卸杆（塔）时，车辆不得停在有坡度的路面上。分散卸车时，每卸一根，其余杆（塔）应掩车。每卸完一处，应将车上其余的杆件绑扎牢固后方可继续运送 ⑤使用机械牵引杆（塔）上山时，应将杆身绑牢，钢丝绳不得触磨岩石或坚硬地面。牵引路线两侧 5 米以内不得有人逗留或通过	①查起重作业时，吊物上是否站人，作业人员是否利用吊钩来上升或下降。起吊牵引过程中，下方是否有人员逗留 ②装运杆时，是否用绳索绞紧 ③装卸杆（塔）时，车辆是否停在平整的路面上	

156

模块 7 配电现场作业风险管控

续表

类别	风险点	管控措施	督查内容	
			督查重点	典型违章
杆（塔）及大件运输杆	机械伤害、物体打击、其他伤害	3. 杆（塔）运输过程的管控措施 ①人力运输的道路应事先清除障碍物。山区抬杆（塔）的道路，其宽度不宜小于1.2米，坡度不宜大于相关标准的规定，如不满足要求，应采取有效的方案作业 ②施工车辆在运输时遵守车辆交通规则 ③出车前，要对车辆外观和刹车系统进行检查：车厢板连接挂钩无裂纹，栏杆无开焊现象，车厢与车体连接的销子无丢失，轮胎气压正常等。对查出的隐患及时消除 ④运输途中加强检查，物件有松动的及时紧固调整 ⑤控制车速，保持车距，弯道减速慢行，禁止急道超车 ⑥运输超员、超长、超高及超重货物时，车辆尾部设警告标志。超长架车厢固定，物件与超长车厢捆绑牢固。必须到道路交通管理部门办理有关运输手续许可后方可实施 ⑦运输前必须熟悉运输道路，掌握所通过的桥梁、涵洞及穿越物的稳定性和高度，必要时进行加固、修复 ⑧严禁人员与设备、材料混运。严禁乘坐非载人车辆	④查人员与设备、材料是否混运。查人员是否乘坐非载人车辆	人员与设备、材料混运。乘坐非载人车辆
杆坑开挖	爆炸、物体打击、中毒、窒息、高处坠落、机械伤害、其他伤害	①开挖前，在有电力电缆、光缆、煤气管道等地下设施的地方挖坑时应事先取得有关管理部门的同意，查阅图纸明确地下设施的准确位置，应设置明显的警示标示并设专人监护，严禁用冲击工具或机械挖掘 ②挖坑时，应及时清除坑口附近的浮土、石块，路面铺设材料和泥土应分别堆置，在堆置物堆起的斜坡上不得放置工具、材料等器物 ③凡超过1.5米深的基坑内作业时，向坑外抛掷土石应防止石回落坑内，并做好防止土层塌方的临边防护措施，在土质松软处挖坑，应有防止石回落的措施，向坑外地掷土石必须加装挡板，撑木等防止土石回落坑内。不应由下部掏挖土层		

续表

类别	风险点	管控措施	督查重点	典型违章
杆坑开挖	爆炸、物体打击、中毒窒息、高处坠落、机械伤害、其他伤害	④杆（塔）基础附近开挖时应随时检查杆（塔）的稳定性。若开挖影响杆（塔）的稳定性，应在开挖的反方向安装临时拉线。开挖基坑未回填时禁止拆除临时拉线 ⑤深基坑或密闭空间作业时，坑内人员佩戴防毒面具并向坑内送风和持续检测等，监护人密切注意挖坑人员 ⑥在下水道、煤气管线、潮湿地、垃圾堆或有腐质物等地方的附近挖坑时，应检测有毒气体及可燃气体的含量是否超标并设监护人。在挖深超过2米的坑内工作时，应采取安全措施，如戴防毒面具，向坑中送风和持续检测等。监护人密切注意挖坑人员，防止煤气、硫化氢等有毒气体中毒及沼气等可燃气体爆炸 ⑦人工挖孔桩基础时，每日开工下孔前需检测孔内空气，当存在有毒、有害气体时应先排除。当孔深超过5米时，须用风机吹风或向孔内送风不少于5分钟，排除孔内洋浊空气。孔深超过10米，应用专用风机向孔内送风，风量不得少于25L/s ⑧在居民区及交通道路附近开挖的基坑，开挖完成后，应设坑盖板或可靠遮栏，加挂警告标示牌，夜间挂红灯 ⑨严禁利用挖掘斗在机械伸臂及挖掘斗下方通过逗留，严禁进入挖掘斗内，不得利用挖掘斗递送物件。暂停作业时，应将挖掘斗放置地面 ⑩在居民区和交通道路附近作业，须具备相应的交通组织措施并设围栏和警告标志，注意来往车辆，必要时派专人看守	①查电缆沟（槽）开挖使用标准路域是否进行分隔，是否有明显标记，夜间施工人员是否佩戴反光标志，施工地点是否加挂警示灯 ②在下水道超挖沟（槽）作业是否设有监护人 ③在挖坑超过2米的坑内工作时是否采取安全措施，是否佩戴防毒面具，向坑中送风和持续检测等 ④在居民区附近开挖空洞是否设置围栏或警告标识	①施工现场的电缆沟、基坑、孔洞周围遮栏、盖板，警告标志未装设或装设不规范 ②在下水道、潮湿地、垃圾堆或有腐质物等地方的附近挖沟（槽）时，未设监护人。在挖深超过2米的沟（槽）内作业时，未采取安全措施、防毒面具，向坑中送风和持续检测等

158

续表

类别	风险点	管控措施	督查内容	
			督查重点	典型违章
三盘安装	物体打击	①安装三盘随底盘时,人不得随底盘一起入坑。校正底盘时,应使用控制绳,人不得站入坑内 ②安装三盘必须有专人指挥。应将坑边的土石清理干净,留足站人和放底盘的位置 ③在坑内安装三盘时,应用滑杠和绳索溜放,不得直接将其翻入坑内	①查安装三盘挖坑是否设置围栏或警告标识 ②查作业过程是否正确使用安全工(器)具	人员随意入坑
杆(塔)组立	物体打击、机械伤害、高处坠落、触电、其他伤害	1. 通用措施 ①重大物件的起重、搬运工作应由有经验的专人负责,作业前应进行技术交底。起重指挥只能由一人统一指挥,必要时可设置中间指挥人员传递信号。起重指挥信号应简明、统一、畅通、分工明确 ②立、撤杆指挥应设专人统一指挥。开工前,应交待施工方法、指挥信号和安全措施 ③居民区和交通道路附近立、撤杆(塔)时,须具备相应的交通组织措施,应设警戒警示围栏或警告示牌派人看守,注意来往车辆 ④立、撤杆(塔)时,禁止基坑内有人。除指挥人员及指定人员外,其他人员须在杆塔高度的1.2倍距离以外 ⑤利用已有杆(塔)立、撤杆(塔),应检查杆(塔)根部及拉线补强措施,(塔)的强度,必要时应增设临时拉线或采取其他补强措施 ⑥使用固定式抱杆立、撤杆,抱杆基础应平整坚实,缆风绳应分布合理,受力均匀 ⑦立杆及修整杆坑,采用拉绳、叉杆等控制杆身倾斜、滚动,回填夯实后方可撤去撤杆绳及叉杆	①查起重作业是否设专人负责 ②查起吊重量是否大于每台链条葫芦的允许重量 ③查立杆时是否使用揽风绳控制杆身不晃动	①撤杆时,没有先检查有无卡盘或障碍物并试拔

159

续表

类别	风险点	管控措施	督查重点	典型违章
杆（塔）组立	物体打击、机械伤害、高处坠落、触电、其他伤害	⑧使用吊车立、撤杆（塔），钢丝绳套应挂在电杆的适当位置以防止电杆突然倾倒，吊钩应封闭。撤杆时，应先检查有无卡盘或障碍物并试拔 ⑨立、撤杆机具的各种监测仪表及制动器、限位器、安全阀、闭锁机构等安全装置应完好 ⑩不得随意拆除未采取补强措施的受力构件 ⑪调整杆（塔）倾斜、弯曲、拉线受力不均时，应根据需要设置临时拉线及其调节范围，应有专人统一指挥 ⑫水泥杆基础设计原则上加装底盘和卡盘，无需加装的应经充分论证。对于坡道、河边等易造成基础冲刷的地方或埋深深无法满足的电杆，应采取加固措施 ⑬杆（塔）施工过程需要采用临时拉线过夜时，须对临时拉线采取加固和防盗措施 2. 机械立、撤杆（塔）时的管控措施 ①整体立、撤杆塔前，应全面检查各受力、连结部位情况，全部满足要求方可起吊 ②连接部位不得使用金具U型环代替卸扣，不得用普通材料的螺栓取代卸扣销轴。卸扣不得横向受力 ③在杆（塔）起吊过程中，受力钢丝绳的周围、吊物和起吊物的下方严禁有人逗留和通过。作业时，禁止吊物上站人，内侧起吊物吊钩来上升或下降 ④起重机应置于平坦、坚实的地面上，不得在暗沟、地下管线等上面作业，无法避免时，应采取防护措施 ⑤法兰杆螺栓位置找正，严禁用手找正，上下段连接时，应使用钢钎插入螺栓孔找正。分段吊装钢杆时，上下段连接后，严禁转起重臂的方法进行移位找正。分段吊装钢绳时，使用控制绳应同步调整	④检查连接部位是否使用金具U型环代替卸扣 ⑤立杆后未固定，是否有作业人员登杆作业 ⑥吊车铺绝缘垫，吊车驾驶室是否佩戴安全帽	②使用了横销无螺纹的卸扣

模块 7 配电现场作业风险管控

续表

类别	风险点	管控措施	督查内容	
			督查重点	典型违章
杆（塔）组立	物体打击、机械伤害、高处坠落、触电、其他伤害	3. 电杆组立后的管控措施 ①电杆立起后，杆上不得有人。临时拉线在地面未固定前严禁登杆作业。横担吊装未达到设计位置前，杆上不得有人 ②回填土应分层夯实。松软土质的基坑，回填土时应增加夯实数或采取加固措施 ③严禁攀登杆坑未夯实的杆（塔） 4. 立、撤杆（塔）作业的管控措施 ①作业时，起重机臂架、钢丝绳及吊物等靠近带电线路及其他带电体的距离不得小于《国家电网公司电力安全工作规程配电部分（试行）》中的相关规定且设专人监护，大于表 3-1 规定的安全距离时，须制订防止误碰带电设备的安全措施并经本单位批准。小于表 3-1 规定的安全距离时，须停电进行作业 工程规程：配电设备长期或频繁地靠近架空线路或其他带电体作业时，采取隔离防护措施 ②起重设备长期或频繁地靠近架空线路或其他带电体作业时，采取隔离防护措施 燃物品 ③起重机上须备有灭火装置，驾驶室内铺橡胶绝缘垫，禁止存放易燃物品 ④在带电设备区域内使用起重设备时，安装接地线并可靠接地，其截面积不得小于 16 平方毫米	⑦查在带电设备区域内接地是否可靠	③在带电设备区域内使用起重机等设备时，没有安装接地线并可靠接地

161

续表

类别	风险点	管控措施	督查重点	典型违章
接地线安装	物体打击	禁止戴手套抡大锤或单手抡大锤，抡大锤时周围不准有人靠近。狭窄地区用大锤时，注意避免返力击力伤人	查是否戴手套抡大锤或是否单手抡大锤，周围是否有人员	戴手套抡大锤或单手抡大锤
拉线安装	物体打击、高处坠落	①制作拉线时人员配合应协调一致，防止钢绞线反弹，造成人身伤害 ②传递工具、拉线抱箍及拉线时须拴牢，防止坠物伤人 ③组装拉线抱箍时，严禁将手指深入螺孔找正 ④正确使用安全带（绳），防止高处坠落 ⑤杆（塔）上有人时，禁止调整抱箍或拆除拉线 ⑥作业人员攀登杆（塔）上移位及在杆（塔）上作业时，手扶的构件应牢固，不得失去安全保护 ⑦在杆（塔）上作业时，使用有后备保护绳或保护带自锁器的双控背带式安全带、安全带和保护绳须分挂在杆（塔）不同部位的牢固构件上 ⑧上横担前，检查横担腐蚀情况，联结是否牢固，检查安全带（绳）系主杆或牢固的构件上 ⑨在人员密集或有人员通过的地段进行杆（塔）作业时，作业点下方按坠落半径设围栏或其他保护措施 ⑩杆（塔）上下无法避免垂直交叉作业时，做好防落物伤人的措施，作业时要相互照应，密切配合 ⑪杆塔上作业时不得从事与工作无关的活动	①查高处作业是否使用工具袋并拴在牢固的构件上，工作边角余料是否放置在牢靠的地方或使用铁丝扣牢并有防止坠落的措施 ②检查安全带固定构件是否挂在牢固构件上，是否低挂高用	高处作业下抛物件工具、材料。高处作业人员未使用工具袋，携带器材登杆。高处作业过程中，施工器具或材料未采取防坠落措施

162

续表

类别	风险点	管控措施	督查重点	典型违章
金具、铁附件、绝缘子安装	物体打击、高处坠落	1. 安装金具、铁附件、绝缘子过程中的管控措施 ①作业现场应设置围栏及明显标示牌并设专责监护人 ②安装前，作业人员应对专用工具和安全用具进行外观检查，不符合要求者不得使用 ③宜在地面进行组装。杆（塔）上安装时，应使用安全带和保护绳且分挂在杆（塔）或不同部位 ④工具和材料须放在工具袋内或使用绳索绑扎，上下传递物品使用绳索，严禁抛掷，防止高处坠物伤人 ⑤杆上作业、工（器）具、横担须放置牢固，位安装附件，作业点垂直下方不得有人 ⑥相邻杆（塔）不得同时在同相（极）位安装附件或作业站立。 2. 杆（塔）作业时的管控措施 ①正确使用安全带（绳），防止高处坠落 ②作业人员攀登杆（塔）、在杆（塔）上移位及在杆（塔）上作业时，手扶的构件应牢固，不得失去安全保护，有防止安全带从杆顶部脱出或被锋利物损坏的措施 ③在杆（塔）上作业时，使用有后备保护绳或速差自锁器的双控背带式安全带，安全带和保护绳须分挂在杆（塔）不同部位的牢固构件上，应高挂低用。当后备保护绳超过3米时，应使用缓冲器 ④上横担前，检查横担腐蚀情况及联结是否牢固，检查时安全带（绳）系在主杆或牢固的构件上 ⑤在人员密集或围栏半经通过的地段进行杆（塔）作业时，作业点下方按坠落半径设置围栏或其他保护措施	①查高处作业是否正确使用安全带 ②查高处作业安全带是否低挂高用 ③查高处作业是否使用工具袋并拴在牢固的构件上 ④工作前是否核对线路双重名称，是否检查杆根、拉线是否牢固	在杆（塔）上有人时通过调整临时拉线未校正杆（塔）倾斜或弯曲。在永久拉线未全部安装完成的情况下拆除临时拉线

163

续表

类别	风险点	管控措施	督查重点	督查内容	典型违章
金具、铁附件、绝缘子安装	物体打击、高处坠落	⑥杆（塔）上下无法避免垂直交叉作业时，做好防落物伤人的措施，作业时要相互照应，密切配合 ⑦杆（塔）上作业时不得从事与工作无关的活动 ⑧登杆（塔）前，应做好以下工作：核对线路名称和杆号；检查杆根基础和拉线是否牢固，检查杆（塔）上是否有影响攀登的附属物；遇有冲刷、起土、上拔或导地线、拉线松动的杆（塔），应先培土加固，打好临时拉线或支好架杆；检查登高工具、设施（如脚扣、升降板、安全带、梯子和脚钉、爬梯、防坠装置等）是否完整、牢靠；攀登有覆冰、积雪、积霜、雨水的杆（塔）时，应采取防滑措施；攀登过程中应检查未完全牢固或未做好横向裂纹拉线的新立杆（塔），禁止以下行为：攀登杆材登杆或在杆（塔）上移位；利用绳索、拉线上下杆（塔）或顺杆下滑；携带器材登杆材			
导线架设	物体打击、高处坠落、机械伤害、触电、其他伤害	1. 放线、紧线过程中的管控措施 ①放线、紧线前，应检查确认导线圈无障碍物挂住，导线与牵引绳的连接可靠，线盘架稳固可靠，转动灵活，制动可靠 ②紧线、撤线前，应检查拉线、桩锚及杆（塔），必要时应加固桩锚或增设临时拉线。金具螺栓须紧固并采取防止倒杆措施，防止导线脱落。拆除杆上导线前，应检查杆根，做好防止倒杆措施，在挖坑前应先绑好拉绳 ③放线、紧线与撤线时，作业人员不应站在或跨在已受力的牵引绳、导线的内角侧，以及展放的导线圈内或线弯的内角侧 ④放、撤导线应有监护，须采取防止在线圈内或地线坠落的措施。同杆架设的多回线路放线时，须采取防止塔或导线缠绕的措施			

164

续表

类别	风险点	管控措施	督查内容	
			督查重点	典型违章
导线架设	物体打击、高处坠落、机械伤害、触电、其他伤害	⑤人力牵引导线放线时，拉线人员之间应保持适当距离。领线人员应站在牵引导线前方，随时注意信号。通过河流或沟渠时，应由船只摆渡；通过陡坡时，应防止滚石伤人；遇悬崖险坡应采取先放引绳或设扶绳等措施；通过竹林区时，应防止在竹桩或树桩尖扎脚 ⑥高处临时张线夹具安装时，应采取防止跑线的可靠措施 ⑦紧线时，杆（塔）的部件应齐全，螺栓应紧固，拉线和补强措施应完备，随时观察杆（塔）受力及导线弧垂情况，防止牵引过度 ⑧禁止采用突然剪断导线的做法松线 ⑨放线、撤线与紧线，应控制导线摆（跳）动，保持与带电线路的安全距离。遇有5级及以上大风时，应停止作业 ⑩严禁抛掷施工材料及工（器）具 2.杆（塔）上紧线时的管控措施 ①作业人员攀登杆塔、在杆（塔）上作业时，上移位及在杆（塔）的构件应牢固，不得失去安全保护，有防止安全带从杆顶脱出或被锋利物损坏的措施 ②在杆（塔）上横担或紧线绳应分挂在杆（塔）不同部位的牢固构件上和保护牢绳应备后备保护绳的全身式安全带，安全带和保护绳应分挂在杆（塔）不同部位的牢固构件上 ③上横担前，应检查横担腐蚀情况及联结是否牢固，检查时安全带（绳）应系在主杆或牢固的构件上 ④在人员密集或经过有人通过的地段进行杆（塔）作业时，应做好防落物伤人的措施 ⑤杆（塔）上下无法避免垂直交叉作业时，应做好防落物伤人的措施，作业时要相互照应，密切配合 ⑥杆（塔）上作业时不得从事与工作无关的活动	①查作业人员是否在圈内操作，牵引过程中牵引钢丝绳进入滑车与钢丝绳卷车的内角侧是否有人 ②查横担锈蚀情况及联结是否牢固，检查时安全带（绳）是否系在主杆或牢固的构件上 ③杆（塔）上下无法避免垂直交叉作业时，是否做好防落物伤人的措施	①设备无双重名称，或名称及编号不唯一、不正确、不清晰

165

续表

类别	风险点	管控措施	督查内容	
			督查重点	典型违章
导线架设	物体打击、高处坠落、机械伤害、触电、其他伤害	①登杆（塔）前，应做好以下工作：核对线路名称和杆号；检查杆根、基础和拉线是否牢固；检查杆（塔）上是否有影响攀登的附属物，遇有冲刷、起土、上拔或导地线、拉线松动的杆（塔），应先培土加固，打好临时拉线或支好架杆；检查登高工具、设施（如脚扣、升降板、安全带、梯子和脚钉、爬梯、防坠装置等）是否完整、牢靠；攀登过程中应检查横向裂纹和金具锈蚀情况（塔）时，应采取防滑措施。 ⑧杆塔作业应禁止以下行为：攀登器材登杆（塔）基本完全牢固或未做好临时拉线的新立杆（塔）；携带器具登杆或登杆（塔）上移位；利用绳索、拉线上下杆。 3. 放线过程中的管控措施 ①放线，紧线时，遇接续管或接线头过滑轮、横担等处有卡、挂现象，应松线后处理。处理时，操作人员应站在卡线处外侧，采用工具、大绳等牵、拉导线，禁止用手直接拉、推导线 ②放线滑车使用前应进行外观检查。带有开门装置的放线滑车应有关门保险 ③线盘架应稳固，转动灵活，制动可靠，必要时打上临时拉线固定 ④线盘或线圈接近放完时，应减慢牵引速度 ⑤导线的尾线或牵引绳的尾线或牵引绳在线盘或线圈内操作。线盘或线圈展放处，应设专人传递信号。作业人员不得站在线圈内操作。 ⑥绞磨应放置平稳，锚固并可靠接地。作业前，受力前方不得有人，锚固绳应有防滑动措施和试车，应检查和试车，确认安置稳固，运行正常，制动可靠后方可使用。作业时，禁止向滑轮上套钢丝绳，禁止在卷筒、滑轮附近用手触碰运行中的钢丝绳，禁止跨越走中的钢丝绳，禁止在导向滑轮的内侧逗留或通过	④查作业线路名称及杆号是否正确、清晰 ⑤查高处作业人员的安全措施及登高器具落实到位 ⑥是否利用绳索上下传递工具	②牵引绳与导线、地线连接未使用专用牵引网套或专用网套网套末端未用铁丝绑扎

166

续表

类别	风险点	管控措施	督查重点	典型违章
导线架设	物体打击、高处坠落、机械伤害、触电、其他伤害	⑦拉磨尾绳不应少于两人目应位于锚桩后面，绳圈外侧，不得站在绳圈内，距离绞磨不得小于2.5米；当磨绳上的油脂较多时应清除 ⑧机动绞磨宜设置过载保护装置，不得采用松尾绳的方法卸荷 ⑨卷筒应与牵引绳保持垂直。牵引绳应从卷筒下方卷入目排列整齐，通过磨芯时不得重叠或牵引绳互缠绕，在卷筒或磨芯上缠绕不得少于5圈，绞磨卷筒与牵引绳最近的转向滑车应保持5米以上的距离 ⑩机动绞磨不得在载荷的情况下过夜 ⑪绞磨钢丝绳在通过绞磨中心时不得重叠或相互缠绕，当出现该情况时应停止作业，及时排除故障，不得强行牵引。不得在转动的卷筒上调整牵引绳位置 ⑫使用卡线器时，应与所夹持的线规格相匹配，禁止使用有裂纹、弯曲、转轴不灵活或钳口斜纹磨损等的卡线器 ⑬每基杆（塔）上设置滑车。绝缘线宜采用防网套牵引，绝缘线应使用塑料滑轮或套有橡胶护套的铝滑轮，滑轮牵引绳或牵引绳具有防止线绳脱落的闭锁装置 ⑭机械牵引放线时，导引绳或牵引绳使用的连接器或网套末端应用专用牵引绳、地线连接应使用专用连接网套或网套末端应用铁丝绑扎。绑扎不得少于20圈 ⑮使用放线滑车时，允许荷载应满足放线的强度要求，安全系数不得小于3。应根据计算对导线严重上扬程度做出判断，选择悬挂方法及挂具规格	⑦查放线、紧线时工作人员是否在安全范围之内 ⑧查牵引绳与导线、地线连接是否使用专用连接网套或专用牵引头，网套末端是否用铁丝绑扎，绑扎是否缠绕20圈	⑨放线、紧线与撤线工作设有专人指挥，设有统一信号，通信不畅通

167

续表

类别	风险点	管控措施	督查内容	
			督查重点	典型违章
导线架设	物体打击、高处坠落、机械伤害、触电、其他伤害	4. 放线、紧线与撤线过程中临近交通道路的管控措施 ①放线、紧线与撤线工作均应有专人指挥，统一信号并做到通信畅通，加强监护。工作前，应检查放线、紧线与撤线工具及设备是否良好 ②在交叉跨越各种线路、公路、河流等地方放线，须先取得有关主管部门同意，做好跨越搭设、封航、封路，在路口设专人持信号旗看守等安全措施 ③在居民区和交通道路附近作业，须具备相应的交通组织措施并设闭栏和警告标志，注意来往车辆，必要时派专人看守 5. 邻近带电线路放线的管控措施 ①采用以旧线带新线施工方式施工，应检查确认旧导线完好牢固。若放线通道中有带电线路和带电设备，应与之保持安全距离，无法保证安全距离时应采取措施跨越搭设等措施或停电措施 ②脚手架沿脚手杆或栏杆等攀爬作业人员应经验收合格后方可使用。上下脚手架应有人监护，注意与高压导线的安全距离 ③线缆放线、紧线与撤线导线应防止与低压带电线路接触。对邻近带电线路、设备导致带电时，应加装接地线或使用个人保安线	⑨工作前应检查放线、紧线与撤线工具及设备是否良好	

模块 7 配电现场作业风险管控

续表

类别	风险点	管控措施	督查内容	
			督查重点	典型违章
柱上设备安装	触电、机械伤害、物体打击、高处坠落	1. 柱上设备安装时，临近带电线路的管控措施 ①柱上变压器合架前，应先断开低压侧的空气开关、刀开关，再断开变压器合架的高压线路的隔离开关（刀闸）或跌落式熔断器，对高低压侧验电、接地。若变压器的高压侧无法装设接地线，应采用绝缘遮蔽措施 ②柱上变压器合架时，人体与高压线路和跌落式熔断器上部带电部分应保持安全距离。不宜在跌落式熔断器上部新装、调换引线，若必须进行，应采用绝缘罩将跌落式熔断器上部带电部分并设专人监护 ③作业时，起重机臂架不应小于相关标准，吊具、辅具、钢丝绳及其他吊物的距离长期或频繁地靠近架空线路或其他带电体作业时，采取隔离防护措施 ④起重设备长期或频繁地靠近架空线路或其他带电体作业时，采取隔离防护措施 ⑤起重机上必须备有灭火装置，驾驶室内铺胶皮绝缘垫，禁止存放易燃物品 ⑥在带电设备区域内使用起重机等起重设备时，安装接地线并可靠接地，接地线应用多股软铜线，其截面积不得小于16平方毫米 2. 柱上设备起吊过程中的管控措施 ①起吊物件须绑扎牢固，若物件有棱角或特别光滑的部位，在棱角和滑面与起重绳索（吊带）接触处应加以包垫 ②汽车式起重机行驶时，上车操作室内不得坐人 ③在起吊、牵引过程中，受力钢丝绳的周围，上下方及转向滑车内角侧，禁止有人逗留和通过	①查合架与杆（塔）固定是否牢固，接地体是否完好 ②查高处作业下方是否装设围栏 ③检查吊装变压器是否使用控制绳 ④吊臂和起吊物的下面，是否有人逗留和通过	①在起吊、牵引过程中，受力钢丝绳的周围，上下方及转向滑车内角侧，吊臂和起吊物的下面，有人逗留或通过

169

续表

类别	风险点	管控措施	督查内容 督查重点	督查内容 典型违章
柱上设备安装	触电、机械伤害、物体打击、高处坠落	3. 安装过程中的管控措施 ①作业现场应设置围栏（围栏）、标示牌。禁止作业人员擅自移动或拆除围栏（围栏）、标示牌。因工作原因需短时移动或拆除遮栏（围栏）、标示牌时，应有人监护，完毕后应立即恢复 ②安装前，作业人员应对专用工具和安全用具进行外观检查，不符合要求者不得使用 ③宜在地面进行组装，杆（塔）上安装时，应使用安全带和保护绳且分挂在杆（塔）不同部位的牢固构件上 ④工具和材料须放在工具袋内或用绳索绑扎，上下传递物品使用绳索，严禁抛掷，防止高空坠物伤人 ⑤杆上工作业，工（器）具、横担须放置牢固，位安装站立 ⑥相邻杆（塔）不得同时在同相（板）位安装附件，作业点垂直下方不得有人 ⑦正确使用安全带（安全绳），防止高处坠落 ⑧作业人员攀登杆（塔）、在杆（塔）上移及在杆（塔）作业时，手扶的构件应牢固，不得失去安全保护，有防止安全带头端从杆顶脱出或被锋利物损坏的措施 ⑨在杆（塔）上作业时，使用有后备保护绳或备速自锁器的双控背带式安全带、安全带和保护绳须分挂在杆（塔）不同部位的牢固构件上 ⑩上横担前，检查横担有无腐蚀情况及联结是否牢固 ⑪在人员密集区或其他保护措施上 ⑫杆（塔）上下无法避免垂直交叉作业时，做好防落物伤人的措施，作业时要相互照应，密切配合 ⑬杆（塔）上作业时不得从事与工作无关的活动	⑤查作业现场周围是否设置围栏及明显标示牌 ⑥检查杆上作业人员的工（器）具是否放置在工具包内 ⑦工作负责人或监护人是否认真履行监护职责 ⑧作业人员是否正确使用安全带 ⑨作业人员登杆前是否检查各高工具、脚扣、安全带是否完整、牢靠	②工作负责人（作业负责人、专责监护人）不在现场，或劳务分包人员担任工作负责人（作业负责人）

170

续表

类别	风险点	管控措施	督查内容	
			督查重点	典型违章
柱上设备安装	触电、机械伤害、物体打击、高处坠落	④登杆（塔）前，应做好以下工作：核对线路名称和杆号；检查杆根、基础和拉线是否牢固；检查杆（塔）上是否有影响攀登的附属物；遇有冲刷、起土、上接或导地线、拉线松动的杆（塔），应先培土加固，打好临时拉线或支好架杆；检查登高工具、设施（如脚扣、升降板、安全带、梯子和脚钉、爬梯、防坠装置等）是否完整、牢靠；攀登时应取覆冰、积雪、积霜、雨水的杆（塔）时，应采取防滑措施；攀登过程中应检查横向裂纹和金属锈蚀情况 ⑤杆（塔）作业时应禁止以下行为：攀登杆基础未完全牢固或未做好临时拉线的新立杆（塔）；携带器材登杆或登在杆（塔）上移位；利用绳索、拉线上下杆（塔）或顺杆下滑		
柱上设备试验	触电	①高压试验不得少于两人，试验负责人应由有经验的人员担任。试验人员应向全体试验和测量人员交待试验中的安全注意事项及邻近间隔、线路设备的带电部位 ②高压试验的绝缘工具和测量仪器应符合试验和测量的安全要求。禁止测量绝缘电阻及高压侧测相 ③因试验需要解开设备接头时，解开前应做好标记，重新连接后应检查 ④试验装置的金属外壳应可靠接地，高压引线应尽量缩短并采用专用的高压试验线，必要时用绝缘物支持牢固 ⑤试验装置的低压回路中应使用双极刀闸并在刀刃或刀座上加绝缘罩，以防止误合。试验装置的低压回路中应有两个串联电源开关并装自动跳闸装置 ⑥试验现场应装设遮栏（围栏），向外悬挂设装遮栏（围栏）与试验设备高压部分应有足够的安全距离，另一端应使用规范的短路线。加电压前应检查试验接线，确认所有人员离开试验设备后方可加压。加压过程中，应有人监护并呼唱，试验人员应站在绝缘垫上 ⑦试验应使用符合规范位及仪表的初始状态均无误后方可加压。加压过程中，应有人监护并呼唱，操作人员应站在绝缘垫上，量程，调节器零位及仪表的初始状态均无误后方可加压。加压过程中，应有人监护并呼唱，试验人员应随时观察有无异常现象发生	①查接触设备的电器测量，是否做好防人身触电的安全措施 ②夜间工作照明是否充足 ③查设备不在同一地点时，另一端是否做好安全防护措施 ④查试验围栏，是否悬挂"止步，高压危险！"的标示牌	试验现场没有装设遮栏（围栏），或者遮栏（围栏）与试验设备高压部分没有保持足够的安全距离，没有向外悬挂"止步，高压危险！"的标示牌

续表

类别	风险点	管控措施	督查重点	典型违章
柱上设备试验	触电	⑧变更接线或试验结束，应断开试验电源，将升压拆除自装的接地线和短路接地 ⑨试验结束后，试验人员应拆除自装的接地线和短路线，恢复试验前的状态，经试验负责人复查后，清理现场 ⑩测量时应戴绝缘手套，穿绝缘鞋（靴）或站在绝缘垫上，不得触及其他设备，以防短路或接地。观测钳形电流表数据时，应注意保持表头与带电部分的安全距离 ⑪在高压回路上测量时，禁止用导线从钳形电流表另接表计测量。测量时若需拆除遮栏（围栏），应在拆除遮栏（围栏）后立即进行；工作结束，应立即恢复遮栏（围栏）原状 ⑫测量绝缘电阻时，应断开被测设备所有可能来电电源，验明无电压，确认设备无人工作后，方可进行。测试他人接近被测设备。测量绝缘电阻前，应将被测设备对地放电 ⑬带电设备附近测量绝缘电阻，测量人员和绝缘电阻表安放的位置应与带电部分保持安全距离。移动引线时应加强监护，防止人员触电 ⑭测量线路绝缘电阻时，应取得许可并通知对侧人员后进行。在有感应电压的线路的测量绝缘电阻时，应将相关线路停电后方可进行		

表 7-5 电缆作业

类别	风险点	管控措施	督查内容 督查重点	督查内容 典型违章
电缆敷设	中毒、窒息、高处坠落、物体打击、机械伤害、触电、其他伤害	1. 有限空间作业中的管控措施 ①有限空间作业应坚持"先通风,再检测,后作业"的原则,作业前应进行通风,检测有限空间内的易燃、易爆及有毒气体的含量是否超标并做好记录 ②进入有限空间作业前,应在作业人口处设专责监护人,作业人员保持联系,监护前应准与电缆空明确离开时应准确清点人数 ③在进入有限空间作业时,通风设备应保持常开,检测仪器应实时检测,通风设备因故障停止运转时目有限空间内有易燃、易爆及有毒气体超标,应立即停止有限空间作业,防止中毒、窒息事故的发生 ④在有限空间作业场所应配备安全防护器具和救援装备,如防毒面罩、呼吸器具、通信设备、梯子、绳缆及其他必要的器具和设备 2. 电缆通道、桥架施工作业中的管控措施 ①开启电缆井、隧道人孔盖及电缆沟盖板时应注意站立位置,开启后应设置遮栏(围栏)及警示牌并设专人看守。作业任务完工日人员撤离时,应即关闭人孔盖 ②高空桥架敷设电缆时应搭设操作平台,宜使用钢质脚手架搭设,统一行动 3. 电缆敷设过程中的管控措施 ①电缆敷设作业时,作业人员应听从指挥,统一行动 ②电缆连续敷设时,操作电缆盘时刻关注电缆盘有无倾斜现象,转弯内侧不得有人员停留 ③电缆井、电缆隧道敷设电缆作业时,用绳索上下传送工(器)具、材料,应有专人监护 ④桥架敷设电缆前,桥架应经验收合格并在桥架下方设置遮栏(围栏)及警示牌等隔离防护措施,设专人监护	①有限空间作业是否执行"先通风、再检测、后作业"的要求 ②有限空间作业是否设置监护人 ③作业现场是否配置或是正确使用安全防护装备、应急救援装备	①有限空间作业未执行"先通风、再检测、后作业"的要求。未正确设置监护人。未配置或不正确使用安全防护装备、应急救援装备。在电缆隧道内巡视时,作业人员没有携带便携式气体检测试仪,通风不良时没有携带正压式空气呼吸器

模块 7 配电现场作业风险管控

173

续表

类别	风险点	管控措施	督查内容	
			督查重点	典型违章
电缆敷设	中毒、窒息、高处坠落、物体打击、机械伤害、触电、其他伤害	⑤固定电缆用的夹具应具有表面平滑、便于安装、足够的机械强度和适合使用环境的耐久性特点 ⑥在杆（塔）上作业时，上下传递电缆头及施工（器）具时，应使用传递绳穿孔牢固。杆上有人作业时，垂直正下方不得同时作业，设专人监护 ⑦电缆敷设作业前，存任交叉作业应采取有效隔离防护措施 ⑧电缆敷设时，在线盘处搭建放线架，在工井口及工井内转角处布置牵引机，履带输送架应有刹车装置，传动部分必须加装防护罩，设专人监护 ⑨用滑轮敷设电缆时，滑轮应固定牢固。当滑轮发生移位、倾覆时，应立即停止作业，使用撬棒等工具调整滑轮 在滑轮滚动时用手搬动滑轮，不得 ⑩展放电缆穿孔或穿导管时，应采取增加滑管、加装异型管、涂抹润滑膏等措施防止电缆敛卡，作业人员穿握电缆的位置与孔口保持安全距离，两侧应有监护人 ⑪电缆盘钢轴的强度和长度应与电缆盘重量和宽度相匹配，敷设电缆的机具应进行检查并调试正常 ⑫用输送机敷设电缆时，应安装牵引头、防捻器，有人监护并保持通信畅通 4. 在运行线路运行线路电缆敷设 ①电缆敷设前，夜间施工人员应穿着带有反光的服装，施工地点应加挂警示灯警告标识，运行电缆路径、施工区域应与交通道路设置标准路栏等进行分隔并有明显警告标识 ②在同路径运行电缆路径，运行通道内电缆敷设时要进行勘察，先挖探坑，查明电缆敷设深度 ②对同路径运行线路电缆敷设要进行安全交底。探坑深度应大于电缆敷设深度 ③禁止踩踏；电气设备带电作业前应良好接地，检查漏电保护器动作正常 ④进入带电区域作业时，搬动带电电缆、带电电缆应使用"运行设备"红色幔布包裹的安全措施，设专人监护	④查在杆（塔）上作业传递工（器）具是否使用传递绳 ⑤查展放电缆穿导管时，是否采取增加滑轮卡卡等防止电缆敛卡的措施，两侧电缆敛卡的位置是否设监护人 ⑥查是否对施工人员进行了安全交底	②对同路径电缆敷设运行线路没有进行勘察，没查明电缆位置，没有对施工人员进行安全交底

续表

类别	风险点	管控措施	督查内容	
			督查重点	典型违章
电缆附件制作及安装	触电、中毒、窒息、火灾、其他伤害	1. 在带电区域进行附件安装的管控措施 ①对施工区域内临近的运行电缆和接头，应采取设置"运行设备"红色幔布、设置警示明显标示牌、加装防火罩等安全防护措施。在潮湿的工井内使用电气设备时，操作人员应穿绝缘靴。 ②开断电压后，应与电缆走向图核对相符，使用专用仪器确切证实电缆无电压。 ③用断电缆钢锯柄的铁钉打钉设备芯上，方可作业。扶绝缘柄的人员应戴绝缘手套并站在绝缘垫上，采取戴防护面具等防灼伤措施。使用远控断电缆切刀开断电缆时，刀头应可靠接地，周边其他作业人员应加装个人保安撤离，远控操作人员应与刀头保持足够的安全距离，防止感应电压伤人 ③在临近带电线路区域制作电缆头，为防止感应电压伤人，接地线等保护措施 ④热熔机在使用前应检查绝缘性能良好，金属外壳装置应接地能与试机操作，进行试机操作。确保热熔机保护装置性能良好后再进行施工 ⑤工（器）具掌握部分应绝缘，与应把连接绕缠绝缘带 ⑥开启高压电缆分支箱（室）门应两人进行，接触电缆设备前应验证明确无电压井接地。高压电缆分支箱（室）内所有可能未电的电源全部断开 ⑦高压跌落式熔断器与电缆头之间作业时，宜加装过渡连接装置，使作业时能与熔断器上桩头带电部分保持安全距离 ⑧跌落式熔断器上桩头带电，需在下桩头新装、调换电缆终端头引出线或吊装、搭接电缆终端头及引出线时应使用绝缘罩将跌落式熔断器上桩头隔离，在下桩头加装接地线 ⑨高压跌落式熔断器与电缆头之间作业时，作业人员应站在低位，伸手不应超过跌落式熔断器下桩头，设专人监护 ⑩如遇下雨天，不得进行高压跌落式熔断器下桩头	①查看施工区域内临近的运行电缆和接头，是否采取设置"运行设备"红色幔布、设置警示明显标示牌、加装防火罩等安全防护措施 ②在潮湿的工井内使用电气设备时，操作人员是否穿绝缘靴 ③在临近带电线路作业时，是否设置接地保护措施	①对施工区域内临近的运行电缆和接头，未采取设置"运行设备"红色幔布、设置警示明显标示牌、加装防火罩等安全防护措施 ②在潮湿的工井内使用电气设备时，操作人员未穿绝缘靴

续表

类别	风险点	管控措施	督查重点	典型违章
电缆附件制作及安装	触电、中毒、窒息、火灾、其他伤害	2. 在有限空间内进行作业的管控措施 ①有限空间作业应坚持"先通风、再检测、后作业"的原则，作业前应进行通风，检测有限空间内的易燃、易爆及有毒气体的含量是否超标并做好记录 ②进入有限空间作业前，应在作业入口处设专责监护人。监护人员规定明确的联络信号并与作业人员保持联系，作业前和离开时应准确清点人数 ③进人有限空间作业时，通风设备应保持常开，检测仪器应实时检测，通风设备因故障停止运转且有限空间内易燃、易爆及有毒气体的含量超标，应立即停止有限空间作业，防止中毒、窒息事故发生 ④在有限空间作业场所应配备安全防护器具和救援装备，如防毒面罩、呼吸器具、通信设备、梯子、绳索及其他必要的器具和设备 3. 电缆附件制作、安装时的管控措施 ①对绝缘层打磨及使用火源作业时，应正确佩戴护目镜，禁止无关人员在作业现场配置足够的合格消防器材 ②在施工区域应设置围栏及警示标识并设置监护人。作业现场或作业地点通行或逗留。在光线不足时应设置照明设备 ③电缆附件制作，开剖保护层及绝缘层头部远离高压接点，装卸压接工具时防止砸碰伤手脚 ④作业人员压接时，人员要注意佩戴棉手套，防止割伤 ⑤热熔机温度指示，直到热熔机温度低于规定标准后再将热熔机从熔接电缆处分离。施工人员须佩戴专用手套卸热熔机，严禁徒手拆表	④有限空间作业是否执行"先通风、再检测、后作业"的要求。有限空间作业是否正确配置或是否正确使用安全防护装备、应急救援装备	③有限空间作业未执行"先通风、再检测、后作业"的要求，未正确配置监护人，未配置或不正确使用安全防护装备、应急救援装备

续表

类别	风险点	管控措施	督查内容	
			督查重点	典型违章
电缆试验	触电、高处坠落	①电缆耐压等试验前，应先对被试电缆充分放电。加压端应做好安全防护措施，防止人员误入试验场所；另一端应设置围栏（围栏）并悬挂警告标示牌，设专人监护 ②连接试验引线时，保证与带电体有足够的安全距离。更换试验引线时，作业人员应先戴好绝缘手套并穿绝缘靴或站在绝缘垫上 ③电缆试验过程中，作业人员应戴好绝缘手套并穿绝缘靴或站在绝缘垫上 ④电缆耐压试验分相进行时，另外两相电缆应可靠接地 ⑤电缆试验过程中发生异常情况时，应立即断开电源，经放电、接地确认无剩余电荷后方可检查 ⑥接临时电源时两人进行并设专人监护，所有电器设备应经装有漏电保安器的专用电源盘控制 ⑦试验电源经装有漏电保安器的专用电源盘控制 ⑧电缆试验另一端对侧作业时在杆（塔）上，作业人员在攀登时不得失去安全保护。在作业点下方应按坠落半径设围栏等保护措施，设专人监护	①查看电缆耐压实验，另一端是否设置围栏并悬挂警告标示牌 ②连接试验引线时，与带电体是否有足够的安全距离 ③作业人员攀登杆（塔）时是否挂有安全带、后备保护绳	①电缆耐压等试验前，未对被试电缆充分放电。加压端未做好安全防护措施，另一端未设置围栏（围栏）并悬挂警告标示牌，未有专人监护 ②连接试验引线时，与带电体没有足够的安全距离

模块 7　配电现场作业风险管控

177

表 7-6 土建作业

类别	风险点	管控措施	督查内容	
			督查重点	典型违章
土方开挖	物体打击、机械伤害、高处坠落、中毒与窒息、其他伤害	①作业人员进入施工区域应戴安全帽 ②基坑(槽)开挖时,应先清除坑口附近的浮石。在开挖超过1.5米时,应采取放坡或支护措施防止上层塌方 ③基坑开挖时,应设置作业人员通道、撑木上下传递土石或放置施工(器)具 ④开挖时应在坑口周围设置排水沟,以防雨水流入基坑,防止基坑壁坍塌 ⑤挖出的土方及时外运;如在现场堆放,距基坑边1米以外,其高度不得超过1.5米 ⑥土方开挖过程中必须观测基坑周边土质是否存在裂缝及渗水等异常情况 ⑦采用人工开挖时,向坑外抛扔的土石应回落坑内,挖出的土应堆放在距坑边1米以外之处 ⑧开挖作业应采取可靠的防塌措施。支撑结构的施工应先撑后挖,更换支撑应先拆后装。基坑挖土时不得振动支撑 ⑨支撑安装后拆,支撑木板时不得随意变更并应使围檩与挡土桩结合紧密,挡土板或板桩与坑壁间的回填土应分层回填夯实 ⑩安设固壁支撑时,支撑木板应严密靠紧并用支撑与支柱将其固定牢靠 ⑪机械开挖时,不得使用挖斗递送物件,严禁利用挖掘机臂及挖斗下面通过或逗留。严禁人员进入挖斗内,机械操作人员在挖掘机挖斗递送物件 ⑫机械挖掘斗内,严禁人将挖掘机挖斗放到地面上 ⑬开挖时,应信号从指挥,机械指挥人员应听从指挥,机械操作人员不得利用挖掘机挖斗放到地面上 ⑭挖掘机斗作业时,在同一基坑内不应有人员同时作业	①查看挖坑作业超过1.5米的基坑内是否做好临边防护措施 ②上下基坑是否使用梯子 ③在人口密集场所周边是否设置安全围栏	施工现场基坑无可靠的扶梯或坡道。作业人员利用挡土板支撑上下基坑。作业人员在基坑内休息。在土质松软处挖坑,未采取加挡板、撑木等防止塌方的措施。城区、人口密集区或交通道路口和通行道路上施工时,工作场所周围未装设遮栏(围栏),未在相应部位装设警告标示牌

178

续表

类别	风险点	管控措施	督查内容	
			督查重点	典型违章
土方开挖	物体打击、机械伤害、高处坠落、中毒与窒息、其他伤害	⑮作业人员不得在堆放的松散堆石上行走，坑边禁止有人逗留。作业现场应设置专用进出通道并设置明显警告标示 ⑯规范设置安全护栏 ⑰在挖深超过2米的坑上下基坑的安全通道（梯子），基坑边缘按规范要求设置供作业人员上下基坑的安全措施 ⑰在挖深超过2米的坑内工作时，应采取通风和持续检测中毒有害气体的安全措施，监护人应密切注意挖坑和深度。在运行电缆、光缆布置冲击工具运行或机械挖掘，应事先取得有关主管部门的同意，查看图纸，明确地下设施的准确位置和深度。在运行电缆、光缆布置冲击工具运行或机械挖掘，设专人监护 ⑱夜间施工人员应穿反光明显标示服，施工地点应加挂红灯，以防行人或车辆误入施工区域 ⑲在下水道、煤气管线、潮湿地、垃圾堆或有腐质物的地方等地下设施的地方开挖坑时，应设专责监护人 ⑳在有电力电缆、光缆、上水道、煤气管道及其他管道下设施的地方开挖时，应事先取得有关主管部门的同意，查看图纸，明确地下设施的准确位置和深度。在运行电缆、光缆布置冲击工具运行或机械挖掘，在管道及通道走径上设置明显警示标志。严禁用冲击工具或机械挖掘，设专人监护		
钢筋工程	物体打击、触电、机械伤害、高处坠落、火灾	1. 在钢筋搬运、安装时的管控措施 ①使用吊车吊运钢筋时应绑扎牢固并设控制绳，避免钢筋两端摆动。钢筋不得与其他物件混吊，防止碰撞物体或打击人身 ②起吊钢筋等重物时，下方不得站人，应设专人监护 ③高处安装时，不得将钢筋集中堆放在模板或脚手架上，应设置独立的钢筋区 ④钢筋调直到末端时，操作人员应避开，以防钢筋短头舞动伤人。短于2米或调直钢筋9毫米的钢筋安装时，应在坑内设置安全围栏，坑边1米内禁止堆放材料和杂物。坑内使用传递绳上下抛掷，工具禁止上下抛掷，应使用传递绳传递		

179

供电企业作业风险管控要点

续表

类别	风险点	管控措施	督查内容	
			督查重点	典型违章
钢筋工程	物体打击、触电、机械伤害、高处坠落、火灾	2. 钢筋搬运、堆放过程中的管控措施 ①钢筋搬运、堆放应与电力设施保持安全距离，应使用专用材料区，不得随意堆放 ②进行钢筋加工时，切割机等加工机械应按照"一机一闸一保护"的要求加装专用开关和保护器 3. 使用调直机、卷扬机进行钢筋作业的管控措施 ①钢筋加工地应宽敞、平坦，工作台应稳固，照明灯具应加设网罩，搭设作业棚，张贴安全标示和实习安全操作规程 ②使用调直机调直钢筋时，操作人员与滚筒保持一定距离，不得戴手套操作 ③采用卷扬机为冷拉设备时，卷扬机应布置在操作人员能看到设备工作情况的地方，前面应设防护挡板或将卷扬机工作方向成90度角布置，采用封闭式导向滑轮 4. 作业人员在高处作业时的管控措施 ①上下垂直传递时，作业人员不得站在同一垂直方向上，送料人员应站立在牢固平整的地面或临时建筑物上，接料人员应有防止前倾的措施，必要时应系安全带 ②绑扎钢筋时，作业人员不得站在钢筋骨架上，不得攀登钢筋骨架上下，不得站在钢箍上绑扎，不得将木料、管子等穿在钢箍内用作脚手板，应设置牢固可靠的绑扎钢筋绑扎作业平台 5. 进行钢筋焊接等动火作业时的管控措施 ①焊机操作棚周围不得堆放易燃物品，应在操作部位配备一定数量的消防器材	①查看施工场所是否按规定配备消防器材 ②查是否在易燃物品周围或禁火区域携带火种、使用明火、吸烟，是否采取安全措施 ③在易燃物品上方进行焊接，下方是否设置监护人	生产和施工场所未按规定配备不合格的消防器材。在易燃、易爆物品周围或禁火区域携带火种、使用明火、吸烟，未采取防火等安全措施。在易燃物品上方进行焊接，下方无监护人

180

续表

类别	风险点	管控措施	督查内容	
			督查重点	典型违章
钢筋工程	物体打击、触电、机械伤害、高处坠落、火灾	②现场施工的照明电线、机械设备及工(器)具电源线不准挂在钢筋上,应采用穿管敷设 ③工作台上的铁屑应及时清理,钢筋加工机械的接地良好,操作人员及时清理加工废弃料,保证电焊机、切割机等周围无易燃物,应配备足够数量的消防器材 ④进行焊接作业时,作业人员必须佩戴防护镜、胶皮手套、防护服、胶鞋、防毒面罩,加强对电源的维护管理,严禁钢筋接触电源。焊机必须可靠接地,焊接导线及钳口接线及有可靠绝缘,焊接导线及钳口接线应有可靠绝缘,焊机不得超负荷使用		
模板工程	物体打击、高处坠落、其他伤害	1. 模板在安装、拆除过程中的管控措施 ①模板拆除应在混凝土达到设计强度后方可进行。拆除前应清除模板上堆放的杂物,在拆除区域设警戒线,悬挂安全明显标示牌,非作业人员不得进入 ②拆除作业应按先支后拆、先拆后支、后拆底模,先拆非承重部分、后拆承重部分的原则逐一拆除 ③模板顶撑固定,支撑处地基必须坚实,严防支撑下沉、倾倒 ④向基坑内运送材料时,坑上下应统一指挥,使用溜槽或绳索向下放料,不得抛掷 ⑤模板调整找正要轻动轻移,严防模板滑落伤人。合模时逐层找正,逐层支撑加固,斜撑、水平撑应与补强固定 ⑥拆除的模板严禁抛扔,应用绳索吊下或用溜槽、滑槽滑下。滑槽周围小于5米处应划定警戒范围,设置安全警戒明显标示牌并设专人监护,严禁非操作人员进入 ⑦模板拆除后应随即去除或砸平上面的钉子,防止"朝天钉"伤人,整齐堆放到定位置 ⑧拆下模板应划定定位置,绑扎后应将铁丝未端处理,要随时去除或砸平上面的钉子,防止"朝天钉"伤人,整齐堆放到定位置	①查看在拆除区域是否设置警戒线,是否悬挂安全明显标示牌 ②拆下的模板上的"朝天钉"是否砸平、清除 ③基坑内是否有作业人员休息	①拆除前没有清除模板上堆放的杂物,没有在拆除区域设警戒线,没有悬挂安全明显标示牌,没有专人监护 ②拆下的模板没有及时清理所有"朝天钉"均未处理。拆下的模板乱堆乱放,大量堆放在坑边,没有运到指定地点集中堆放

续表

类别	风险点	管控措施	督查内容	
			督查重点	典型违章
模板工程	物体打击、高处坠落、其他伤害	2. 作业人员进行高处模板作业时的管控措施 ①平台搭设应有可靠的扶梯或坡道，作业人员不得攀登挡土板支撑物上下，不得在基坑内休息 ②平台边侧的预留孔洞应设维护栏杆，应随时将洞口封闭 ③拆除模板时，作业人员不得站在正在拆除的模板上。模板拆除后，卸接卡扣时要两人在同一面模板的两侧进行，卡扣打开后用撬棍沿模板的根部加垫轻轻撬动，防止模板突然倾倒 ④支模过程中，如遇中途停歇，应将已就位的模板或支承联结稳定，不得有空模浮搁，模板在未形成稳定前不得上人 ⑤作业人员在拆除模板时应选择稳妥可靠的立足点，高处拆除时必须系好安全带		
混凝土浇筑	物体打击、机械伤害、高处坠落、触电	1. 混凝土浇筑过程中的管控措施 ①投料高度超过2米应使用溜槽或串筒下料，串筒连接牢固，串筒连接较长时挂钩应予加固 ②混凝土夜间浇筑时应配备足够的照明设施 ③专人操作振捣器浇大侧墙和拱顶混凝土，作业中应配备模板工监护模板，发现位移或变形必须安装牢固，不得漏浆。 ④输送管线的布置应安装牢固，安全可靠，作业中管线不得摇晃，松脱 ⑤泵启动时，人员禁止进入末端软管可能摆触及的危险区域 ⑥建筑物边缘作业时，操作人员应站在安全位置，使用辅助工具引导末端软管，禁止站在建筑物边缘手据末端软管作业	查现场检修时，是否固定好料斗，是否切断电源。进入串筒时，外面是否有人监护	①混凝土搅拌机转动时，作业人员将铁锹伸入筒内扒料 ②开展临边坠落高度在2米及以上的混凝土结构作件浇筑作业时未设置操作平台 ③脚手架作业层脚手板未满铺或未固定

182

续表

类别	风险点	管控措施	督查重点	典型违章
混凝土浇筑	物体打击、机械伤害、高处坠落、触电	2.起重机、振动器、泵车操作过程中的管控措施 ①起重机运送混凝土直接翻入基坑内。振捣作业人员应穿好绝缘靴，戴好绝缘手套，不得将混凝土直接翻入基坑内。振捣作业人员应穿好绝缘靴，戴好绝缘手套，不得将振动器放在模板、脚手架上 ②卸料时，基坑内不得有人，不得将振动器或暂停作业将振动器电源切断，吊罐运行中的振动器放在模板、脚手架上 ③采用吊罐运送混凝土时，应设专人指挥，钢丝绳、吊钩、卸扣必须符合安全要求，连接牢固，吊罐下方严禁站人，应设专人指挥，信号应统一 ④混凝土泵的输送管接头应紧密可靠，不漏浆，安全阀必须完好，固定管道的架子必须牢固 ⑤在检查、调整、修理输送管道或液压传动部分时，应使发动机和液压泵在零压力的状况下进行 3.混凝土浇筑时，人员在高处作业的管控措施 ①浇筑混凝土时，不得站在模板、临时支撑上或脚手架护栏上操作，应搭设作业平台 ②基坑口搭设卸料平台，平台平整牢固，同时在坑口前设置围栏并悬挂明显标示牌 4.使用临时电源的管控措施 ①电动振捣器的电源线应采用耐气候型橡皮护套铜芯软电缆，不得有任何破损和接头。电源线插头直接挂接在刀闸上严禁将电源线直接挂接在刀闸上 ②使用插入式振捣器振实混凝土时，电力缆线的引接与拆除必须由专职电工操作。作业中，操作人员应保护缆线完好 ③进行混凝土振捣作业时，振捣器应按照"一机一闸一保护"的要求，加装专用开关和保护器		

183

续表

类别	风险点	管控措施	督查重点	典型违章
附属工程施工	物体打击、触电、火灾、高处坠落、中毒窒息	①进行混凝土振捣作业时，振动器应按照"一机一闸一保护"的要求，加装专用开关和保护器 ②井口上下用绳索传送工（器）具、材料，一次、二次接线柱外应有防护罩，外壳接地应符合相关标准，规范的相关要求 ③机具、设备应有完整的保护外壳 ④隧道内照明设施配备应充足，作业人员配备应急照明设备。照明开关箱内必须装设隔离开关、短路与过载保护电器和漏电保护器，照明灯具的金属外壳必须与PE线连接 ⑤金属电缆支架、桥架及支架焊接时，切割与坚井机械应按照"一机一闸一保护"的要求，加装专用开关和保护器 ⑥在进行支架焊接时，切割与坚井机械应按照"一机一闸一保护"的要求，加装专用开关和保护器 ⑦现场使用电焊机时，操作人员应及时清理加工废弃料，保证电焊机周围无易燃物，配备足够的消防器材 ⑧开启工井、电缆沟人孔盖及电缆沟盖板，井口应设置围栏，井下应设置梯子，上下通道时扶好、抓牢 ⑨有限空间作业应坚持"先通风、再检测、后作业"的原则，作业前应进行通风，检测有限空间内的易燃、易爆及有毒气体的含量是否超标并做好记录	①查施工场所是否配备消防器材或配备的消防器材是否合格 ②有限空间作业是否执行"先通风、再检测、后作业"的要求	①生产和施工场所未按规定配备消防器材 ②有限空间作业未执行"先通风、再检测、后作业"的要求

模块 7 配电现场作业风险管控

续表

类别	风险点	管控措施	督查内容	
			督查重点	典型违章
拉管和顶管施工	机械伤害、高处坠落、中毒窒息、触电、物体打击、其他伤害	1. 拉管和顶管作业中的管控措施 ①工作井、接收井机械开挖时，挖斗下面通过或逗留，禁止在伸臂及挖斗下面通过或逗留，禁止人员进入挖斗上下。 ②顶管作业，顶进过程中，油泵操作工应严格注意观察油泵车压力是否均匀渐增，若发现压力骤然上升，应立即停止顶进，待查明原因后方能继续顶进。 ③拉管和顶管作业，管子的顶进有故障，遇到顶进系统发生故障，应发出信号给工具管头部的操作人员，引起相关人员注意。 ④钻机顶进传动部分，作业人员不得跨越或钻越，设专人监护 2. 工作坑防护措施 ①顶管工作坑四周或坑底必须有排水设备及降水措施，工作坑内应设固定牢固的安全梯井符合相关规定。下管作业的全过程中，工作坑内严禁有人。 ②现场管道路跨越沟槽时应搭设牢固的便桥，经验收合格后方可使用。人行便桥的宽度不得小于 1 米，手推车便桥的宽度不得小于 1.5 米。便桥的两侧应设有可靠的栏杆，设置安全警示明显标示牌 ③工作坑应有可靠的扶梯或坡道，作业人员不得攀登挡土板支撑上下，不得在基坑内休息 ④挖掘施工区域应设围栏及安全标志牌，夜间应挂警示灯，围栏离坑边不得小于 0.8 米。夜间进行土石方作业应设置足够的照明设施，设专人监护 ⑤工作坑、竖井应做好通风，用风管送风至开挖面，检测工作：工作坑、竖井内应采用大功率、高性能的风机，竖井内通风管按规定检测顶管内有毒、有害、可燃气体及氧气的含量。发现危险情况应立即停止作业，采取可靠措施后方可恢复施工	①查在机械斗下面是否有人员逗留 ②查工作坑是否设有可靠的扶梯或坡道，基坑内是否有人员休息	①工作坑没有可靠的扶梯或坡道，作业人员攀登挡土板支撑上下，作业人员在基坑内休息

185

续表

类别	风险点	管控措施	督查内容	
			督查重点	典型违章
拉管和顶管施工	机械伤害、高处坠落、中毒窒息、触电、物体打击、其他伤害	3. 钻机操作过程中的管控措施 ①机械开挖时，应避让作业点周围的带电线路及设备 ②顶管作业，机头中的纠偏千斤顶应绝缘良好，操作电动高压油泵应戴绝缘手套 ③拉管作业，钻机运转时，电工要监护作业，防止电缆缠入钻杆 4. 基坑周边的安全措施 ①钻机支架必须牢固，护筒支设必须有足够的水压，对地质条件要掌握，注意观察钻机周围的土质变化，防止坍塌 ②顶管、平台等，确认安全后方可下管 5. 其他措施 ①拉管和顶管作业前，应与有关地下管道（供水、供气）、光缆、电缆等设施的主管单位取得联系，采用人工挖探坑方式明确地下设施的确切位置，做好防护措施 ②核准拉管和顶管轴线位置是否准确，准确定位障碍物的位置。加强监测，观测拉管和顶管始发和接收加固端附近，工作井及周围环境的变化 ③建立独立的通信系统，保证作业过程中通信畅通 ④泥浆池必须设置围栏，已浇注桩挂好并挂上警示明显标示牌，防止人员掉入泥浆池中 ⑤电焊焊接时，通电加热的时间，电压应符合电熔焊机和电熔管件生产厂家的规定，以保证在供给电压、加热时间下获得合格的熔接头，防止人员烫伤	③查机械开挖时是否避让作业点周围的带电线路及设备 ④查下管前是否检查起重设备，卸扣、钢丝绳，吊钩、支架等 ⑤泥浆浇筑时是否设置安全围栏，是否挂设明显标示牌	②顶管下管作业没有统一指挥，下管前没有检查起重设备，卸扣、钢丝绳，吊钩、支架、平台等

186

表7-7 配电设备安装作业

类别	风险点	管控措施	督查内容	
			督查重点	典型违章
配电设备安装	物体打击、机械伤害、触电、高处坠落、中毒、窒息、其他伤害	1. 通用措施 ①设备安装、找正时不得将手脚伸入底部，防止挤压手脚。撬动就位时人力应足够，设专人指挥，统一行动，对稳定性差的设备，安装就位后应立即将全部螺栓安装紧固，防止倾倒 ②设备起吊前，应在作业区域设置围栏并设置明显警告、禁止、指令标示 ③使用吊车吊装卸配电设备作业必须由专人指挥并事先明确旗语、手势和信号，指挥信号应简明、畅通、统一、分工明确，遇有大风恶劣天气停止起吊工作 ④当配电设备离开车箱或吊具内起吊100毫米后，应再检查各受力部位和被吊设备，无异常情况方可正式起吊 ⑤吊车常用的吊钩应有闭锁装置，防止钢丝绳脱钩 ⑥室内铺钢板或厚木板子以加固 ⑦配电设备就位时，应有专人指挥，信号统一 ⑧放置设备严禁突然释放，防止放置时倒塌或挤压造成伤害 ⑨配电设备在安装固定好以前，应有防止倾倒的措施，特别是重心偏在一侧的设备。安装就位后应立即将全部安装螺栓紧固到位，禁止浮放 ⑩遇有较软路基（或盖板等），应使用枕木铺垫、补强，防止地面塌陷（或盖板断裂等），以免吊车倾覆 ⑪起吊过程中，受力钢丝绳的周围，内侧和起吊物的下方，上下方，内侧和起吊物的下方，严禁有人逗留和通过	①查遇有大雾照明不足，指挥人员看不清各工作地点或起重操作人员未获有效指挥时，是否开展起重工作 ②查起重物件是否绑扎牢固，起重搬运时是否由专人指挥 ③查起重使用的吊钩防脱钩装置是否完好，吊装带钢丝绳等起重工（器）具是否符合要求 ④查起重机上是否有合格灭火装置，驾驶室内是否铺橡胶绝缘垫	①吊装区域没有设置警戒线，没有派人监护，臂架和物件上有人或浮置物，无关人员和车辆通过或逗留吊于吊装区域

187

续表

类别	风险点	管控措施	督查内容 督查重点	督查内容 典型违章
配电设备安装	物体打击、机械伤害、触电、高处坠落、中毒窒息、其他伤害	2. 在带电设备周围进行安装作业的管控措施 ①现场应设置足够的照明设备。设备安装区域如存在其他带电运行设备，应采取围栏（遮栏）、"运行设备"、绝缘隔板等有效的隔离措施，同时设置警示明显标牌。②在带电设备周围使用工（器）具及搬动梯子、管子等长物，应满足安全距离要求。在带电设备周围不应使用钢卷尺、皮卷尺和线尺（夹有金属丝者）进行测量。③在配电站或高压室内搬动梯子、管子等长物，应放倒，由两人搬运，与带电部分保持足够的安全距离。在配电站内的带电区域内或邻近带电线路处，不应使用金属梯子。④在带电线路及设备附近吊装、吊车应可靠接地。⑤起重作业前，吊车司机应对作业现场环境、构件的重量和分布情况进行全面了解。起重机臂架、吊具、辅具、钢丝绳及吊物等与架空带电线路和其他带电体有相应的安全距离，应制订专人监护，防止误碰带电设备的隔离防护措施。小于相关规定的安全距离时，误碰设备的邻近的带电设备，应停电作业。⑥工作地点有可能误登、误攀邻近的带电设备（杆）、杆（塔），应有防止从高处坠落措施，杆（塔）、撤杆（塔）、拉线、临时拉线跳动和杆（塔）倾斜接近正常电导线时，设备保持安装所规定的安全距离，撤杆过程中拉线与带电线路、设备保持安装所规定的安全距离，撤杆过程中拉线与带电线路，应正确使用安全带，防止从高处坠落。3. 设备安装时，在顶部、孔洞周边应使用安全带，防止从高处坠落。①设备顶部作业时，在顶部，应正确使用安全带，防止从高处坠落。②施工区域周围孔洞应装设孔洞盖板进行可靠遮盖并设置周围栏及警示标识，防止人员坠入摔伤	⑤查在带电设备周围作业是否使用金属工（器）具 ⑥查在带电线路附近吊装作业，吊车接地是否可靠	②在带电设备周围使用钢卷尺、皮卷尺和线尺（夹有金属丝者）进行测量工作

188

模块 7　配电现场作业风险管控

续表

类别	风险点	管控措施	督查内容	
			督查重点	典型违章
配电设备安装	物体打击、机械伤害、触电、高处坠落、中毒、窒息、其他伤害	③梯子应坚固完整，有防滑措施。梯子的重量、材料的工具，有专人扶守及其携带的工具，有专人扶守 ④单梯的横档应嵌在支柱上并在距梯顶1米处设限高标志。使用单梯工作时，梯腿与地面的夹角约为65度～75度 ⑤梯子不宜绑接使用。人字梯应有限制开度的措施 ⑥在梯子上时，应有专人扶持，不应移动梯子 ⑦设备安装时，采用滚杠带动设备移动的过程中，应采取控制绳防倾斜措施，施工人员不得将手、脚伸入正在滚动搬运的设备底部，防止挤压伤 4. 有限空间作业的管控措施 ①有限空间作业应坚持"先通风、再检测、后作业"的原则，作业前应进行通风并检测有限空间内气体的种类、浓度等，气体检测不合格严禁作业。作业过程中实时监测有害气体浓度，浓度超标，应采取强制通风措施，作业人员立即撤离，待气体检测合格后再实施作业 ②有限空间作业前，应在作业人口处设专责监护人。监护人员应事先与作业人员规定明确的联络信号并与作业人员保持联系，作业前和离开时应准确清点人数 ③检测人员进行检测时，应当采取通风、防止中毒、窒息等事故发生 ④在有限空间作业场所应配备安全防护器具和救援装备，如防毒面罩、呼吸器具、通信设备、梯子、绳索及其他必要的器具和设备 ⑤通风设备停止运转、有限空间内氧含量浓度低于国家标准或行业标准规定的限值、有毒有害、窒息气体浓度高于国家标准或行业标准规定的限值，应立即停止有限空间作业	⑦查看有限空间作业是否执行"先通风、再检测、后作业"的要求 ⑧有限空间作业，是否有专责监护人监护	③有限空间未执行"先通风、再检测、后作业"的要求 ④有限空间作业，未正确配置专责监护人岗位

189

续表

类别	风险点	管控措施	督查内容	
			督查重点	典型违章
配电设备试验	触电	①高压试验不得少于两人，试验负责人应由有资质的人员担任。试验现场应装设遮栏（围栏），遮栏（围栏）与试验设备高压部分应有足够的安全距离，向外悬挂"止步，高压危险！"的标示牌，被试设备不在同一地点时，另一端还应设遮栏（围栏）并悬挂"止步，高压危险！"的标示牌。②高压试验操作人员应穿绝缘靴，站在绝缘台（垫）上，戴绝缘手套。高压引线应尽量缩短，采用专用的高压试验线，必要时用绝缘物支持牢固。③试验装置的金属外壳应可靠接地。④变更接线或试验结束，应断开试验电源并将升压设备的高压部分放电、短路接地。⑤试验装置的电源开关应使用双极刀闸并在刀刃或刀座上加绝缘罩，以防误合。试验装置的低压回路中应有两个串联开关并装设过载自动跳闸装置。⑥试验应使用规范的短路线，加电压前应检查试验接线，通知所有人员离开被试设备并取得试验负责人许可	①查试验现场是否装设围栏，试验人员与试验设备高压部分是否有足够的安全距离 ②查试验装置的金属外壳是否可靠接地，电源开关是否满足安全电源要求	①设备检修试验时，未按规定装设遮栏、标示牌或未将带电设备有效隔离 ②高压试验人员在加压过程中未站在绝缘垫上

190

模块 7　配电现场作业风险管控

表 7-8　配网不停电作业

类别	风险点	管控措施	督查内容 督查重点	典型违章
公共部分	触电、物体打击、高处坠落、机械伤害、电弧灼伤	①使用验电器对导线、绝缘子、横担进行验电，确认无漏电现象，如发现带电，禁止实施带电作业。②作业时，不应同时接触两个非连通的带电体或同时接触带电体与接地体。斗上双人带电作业时，不应同时在不同相或不同电位同时作业。③作业过程中不应摘下绝缘防护用具。带电断、接引线作业应戴日常使用的安全带良好的绝缘性能。④带电作业应有人监护，监护人不应直接操作，必要时应增设专责监护人1个作业点。复杂或高杆（塔）作业，必要时应增设专责监护人。⑤带电作业应在良好天气下进行，不宜带电作业。若遇雷电、雪、雹、雨、雾等不良天气，不应带电作业。风力大于5级或湿度大于80%时，不宜带电作业。带电作业过程中若遇天气突变或设备状况异常危及人身或设备安全时，应立即停止工作，撤离人员，恢复设备正常状况，或者采取临时安全措施。⑥不应约时停电或恢复合闸。⑦对带电体设置绝缘遮蔽隔离措施时，动作应轻缓，人体与带电体应保持足够的安全距离。⑧使用绝缘杆作业时，绝缘杆有效绝缘长度应不小于0.7米。⑨现场备好安全防坠落安全带（带电保护绳），严禁安全带低挂高用。登杆作业人员正确使用全身式安全带。使用绝缘斗臂车作业时，斗内电工应系好安全带。⑩绝缘斗臂车使用前应在预定位置空斗试操作一次，确认液压传动、回转、升降、伸缩系统工作正常，操作灵活，制动装置可靠。⑪绝缘斗臂车应选择适当的工作位置，支撑应稳固可靠；机身倾斜度不得超过制造厂家的规定，必要时应防倾覆措施，如平整地面，使用支腿垫板或枕木。⑫绝缘斗臂车在有电工作区域转移时，应缓慢移动，动作要平稳，以保证液压系统处于手工作状态。发动机不能熄火（电能驱动型除外），绝缘斗臂车作业时，	①查看作业杆（塔）或线路出现接地现象，未有效消除时仍冒险组织开展作业。②作业过程中，两人同时在不同电位的物体上作业。③查作业人员是否完全穿戴或是否正确穿戴个人防护用具。④查多点作业时，是否在每一个作业点都设置了足够的监护人。⑤查绝缘杆作业时，作业人员握出绝缘杆持握范围，是否致使有效绝缘长度小于0.7米。⑥查登杆作业人员是否正确使用后备保护绳。⑦查绝缘斗臂车是否在保养周期内	①作业杆（塔）或线路出现接地现象，未有效消除时仍冒险组织开展作业。②作业过程中，两人同时在不同电位的物体上作业。单人作业时，同时接触不同电位物体进行作业。③未撤离作业点或未保持足够安全距离情况下，作业人员摘除或脱下防护用具。作业人员未完全穿戴或未正确穿戴个人防护用具。④绝缘斗臂车超同期超过1年

191

续表

类别	风险点	管控措施	督查内容	
			督查重点	典型违章
公共部分	触电、物体打击、高处坠落、机械伤害、电弧灼伤	⑬绝缘斗臂车应根据相关标准定期检查 ⑭绝缘斗臂车不应超载工作 ⑮绝缘斗臂车操作人员应服从工作负责人的指挥，作业时应注意周围环境及操作速度。接近和离开带电部位时，应由绝缘斗臂车中的人员操作 ⑯作业前检查周围带电部位，在任一相带电作业时，作业人员应保持对邻近地体不少于0.4米，对邻近相导线或设备不少于0.6米的安全距离（不足安全距离时，采取绝缘遮蔽，遮蔽用具之间的重叠部分不少于150毫米，如遮蔽罩有金属部分与带电线路可能脱落时必须采用绝缘绳绑扎，以防脱落）。绝缘斗臂车的软铜线良好接地。作业中，绝缘斗臂车绝缘臂的有效绝缘长度应大于1米 ⑰作业人员进行换相工作转移前，应得到监护人的同意 ⑱绝缘承力工具、绝缘绳索的最小有效绝缘长度不应小于0.4米		⑮作业过程中，绝缘斗臂车的有效绝缘长度不足1米。作业遮蔽不全。作业人员违反作业规范或违反操作指导书作业，出现严重工作失误
旁路作业	触电、高空坠落、物体打击、电弧灼伤	①旁路电缆放电电杆放电时，绝缘放电电杆的接地应良好 ②采用旁路作业方式进行电缆线路不停电作业时，旁路断路器、网柜等系统设备均应带额定电流 ③旁路电缆终端与环网柜（分支箱）连接前应进行外观检查、绝缘部件表面应清洁、干燥，无绝缘缺陷，确认环网柜（分支箱）柜体可靠接地，若选用螺栓式旁路电缆终端，应确认接入间隔内的断路器（开关）已断开并接地 ④采用旁路作业方式进行电缆线路不停电作业前，应确认两侧备用间隔断路器（开关）及旁路断路器（开关）均在断开状态 ⑤电缆旁路作业，旁路电缆屏蔽层应在两终端处引出并可靠接地，接地线的截面积不宜小于25平方毫米	①查旁路设备过夜运行时，设专人看护。测量绝缘电阻或使用放电棒放电时，操作人员是否戴绝缘手套 ②查是否核相或检查电缆接入相位	①旁路系统工作时，流经旁路系统的电流超过旁路系统的额定电流 ②旁路作业时，待检修断路器未退出线路跳闸保护功能 ③旁路设备的额定电流小于或等于线路的最大运行电流

192

续表

类别	风险点	管控措施	督查重点	典型违章
旁路作业	触电、高空坠物、电弧伤害	⑥旁路电缆应连接可靠并使用绝缘绳或绝缘杆固定旁路电缆，减小电缆头承力 ⑦旁路柔性电缆采用地面敷设方式时，应对地面的旁路作业设备采取可靠接地和绝缘防护措施后方可投入运行，确保绝缘防护有效 ⑧旁路柔性电缆敷设中如需跨越道路，应使用电力架空跨越支架将旁路柔性电缆架空敷设或将旁路柔性电缆敷设于专用的槽盒内。敷设旁路柔性电缆时，须由多名作业人员配合使旁路柔性电缆离开地面整体受力，防止旁路柔性电缆与地面摩擦，旁路柔性电缆不得受力 ⑨连接旁路作业设备前，应对各接口进行清洁和润滑。用不起毛的清洁或清洁布，无水酒精或其他电缆清洁剂清洁，确认绝缘表面无污物、灰尘、水分、损伤。在插拔开面均匀涂润滑硅脂 ⑩旁路柔性电缆运行期间，应设置安全围栏和"止步，高压危险！"的标示牌，防止旁路电缆受损或外力破坏。必要时，派专人看守、巡视 ⑪禁止在雨、雪天气进行旁路作业装备敷设、组装、回收等工作 ⑫检测旁路回路绝缘电阻，放电时应戴绝缘手套 ⑬旁路柔性电缆应按照核准的相位投运后，应持续观测通流情况，确保负荷电流不超过旁路系统额定电流 ⑭旁路电缆或绝缘引流线投运前，应按照核准的相位投运后，应持续观测通流情况，确保负荷电流不超过旁路系统额定电流 ⑮用绝缘引流线或旁路电缆短接设备前，应闭锁断路器（开关）跳闸回路，短接时应核对相位，载流设备应处于正常通流或合闸位置 ⑯带负荷更换高压隔离开关（刀闸）、跌落式熔断器，安装绝缘引流线时应防止高压隔离开关（刀闸）、跌落式熔断器意外断开 ⑰旁路应满足最大负荷更换隔离开关设备的绝缘引流线两端夹的载流容量应满足最大负荷电流的要求 ⑱短接故障回路、设备前，应确认故障已隔离		④未有效隔离故障点的情况下，冒险开展作业

193

续表

类别	风险点	管控措施	督查重点	督查内容典型违章
带电更换耐张绝缘子串	物体打击、高处坠落	①紧线、松线前应先检查拉线、桩锚及杆（塔），必要时应加固桩锚或增设临时拉线 ②紧线器及导线卡钳的规格必须与线材规格匹配，不得代用 ③紧线器至紧线器卡钳略微受力，必须在紧线器卡钳外侧加装后备保护	查紧线器及导线卡钳的规格是否与线材规格匹配，是否代用	卡线器与导线卡钳型号不匹配，无法夹持导线。使用绝缘线器时，未设置后备保护
带电断、接引线（或开断导线）	触电、电弧伤害	①紧线至紧线器略微受力，必须在紧线器卡钳外侧加装后备保护 ②不应带负荷断、接引线。不宜用除、接空载线路的方法使两电源解列或并列 ③带电断、接空载线路前，应确认后端所有断路器（开关）、隔离开关（刀闸）已断开，电压互感器已退出运行 ④带电断、接空载线路所接引线长度适当，连接应牢固可靠。断、接时应有防止引线同相带电断及引线摆动的措施 ⑤带电接引线时触及未接通相的导线前，或者带电断及引线时对断开的导线端部采取绝缘包裹等遮蔽措施 ⑥带电、接空载线路时，作业人员应做好目镜护目戴护，如绝缘遮蔽、白棉纱绳、钢丝绳 ⑦断、接线路为空载电缆等容性负载时，应根据线路电容电流的大小，采用带电作业用消弧开关及操作杆等专用工具 ⑧带电、接空载电缆线路与空载电缆线路的连接引线之前，应检查电缆所连接的开关设备状态，确认电缆空载 ⑨带电接入架空载线路与空载电缆线路的连接引线之前，应确认电缆终端连接完好，接地已拆除并与电缆负荷设备断开 路试验合格，对侧电缆终端连接完好，接地已拆除并与电缆负荷设备断开	①查双电源点是否经任何开断设备进行引线连接 ②查带电断、接引线时，是否对引线采取缩小、限制引线摆动范围的措施 ③查带电作业是否使用非绝缘绳索（如棉纱绳、白棕绳、钢丝绳）	①双电源与导线未经任何开断设备即进行引线连接 ②带电断、接引线时，未对引线采取栓、挂等方式，限制引线摆动范围的措施 ③带电作业使用非绝缘绳索（如棉纱绳、白棕绳、钢丝绳）

模块 7 配电现场作业风险管控

续表

类别	风险点	管控措施	督查内容 督查重点	督查内容 典型违章
带电组立或撤除直线电杆	物体打击、机械伤害、触电	①作业前，应检查作业点两侧电杆、导线及其他带电设备是否固定牢靠，必要时应采取加固措施。②立、撤杆时，起重工器具、电杆与带电设备应始终保持有效的绝缘遮蔽或隔离措施，有防止起重工（器）具、电杆与带电设备等的绝缘防护及遮蔽器具绝缘损坏或脱落的措施。作业时，电杆作业人员应穿绝缘鞋或绝缘靴、戴绝缘手套，起重设备操作人员应穿绝缘鞋或绝缘靴。③起重设备操作人员在作业过程中不应离开操作位置。④作业前做好施工现场的安全围护，起吊时除指挥人及指定人员外，其他人员必须在远离杆高的1.2倍杆高的距离以外。在起吊杆过程中，严禁在吊臂下方通过、逗留。⑤立、撤杆时，应使用足够强度的绝缘绳索控制电杆的起立方向和滑面电杆等绑扎牢固，若物件有棱角或光滑的部位时，在棱角和滑面电杆等绑扎牢固，若物件有棱角或光滑的部位时，在棱角和滑面电杆等绑扎牢固，若物件接触处加以包垫。起重吊钩应挂在对象的重心线上，起吊电杆等吊绳索（吊带）接触对象合理的吊点采取防止突然倾倒的措施。⑦在起吊、牵引过程中，受力钢丝绳的周围、上下方及转向滑车内角侧，吊臂和起吊物的下面禁止有人逗留和通过。⑧起重作业指定指挥专人担任指挥并严格执行指挥专人监护，指挥信号必须清晰、准确。⑨起重机停放或行驶时，其车轮、支腿或履带的前端或外侧与沟、坑边缘的距离不得小于1m，沟、坑深度的1.2倍，否则应采取防倾倒、防坍塌措施。作业时，起重机应置于平坦、坚实的地面上，不得在暗沟、地下管线等上面作业，无法避免时，应采取防护措施	①查作业前两侧电杆、导线与其他带电设备与固定牢靠 ②查杆上作业人员是否穿绝缘鞋，是否佩戴绝缘手套 ③查起重作业过程中人员在操作过程中是否离开操作台	①带电立、撤杆工作，杆根作业人员不穿戴绝缘防护用具，起重设备操作人员不穿绝缘靴 ②作业过程中，起重设备操作人员离开操作位置

195

续表

类别	风险点	管控措施	督查内容	
			督查重点	典型违章
多班组配合作业	触电、电弧伤害	①对涉及多专业、多部门、多单位的作业项目，应由项目主管部门、单位组织相关人员共同参与。现场勘察应查看检修（施工）作业需要停电的范围，保留的带电部位、装设接地线的位置，邻近带电设备和分支线，交叉跨越，多电源、自备电源，有可能反送电的设备和分支线，地下管线设施和作业现场的条件、环境及其他影响作业的危险点，提出针对性的安全措施和注意事项。对危险性、复杂性和困难程度较大作业项目，应制订有针对性的施工方案并设置总协调人，明确各班组的工作内容、作业方法、作业顺序及应采取的安全措施 ②带电、停电配合作业的项目，在带电、停电作业工序转换前，双方工作负责人应完成安全技术交接并确认无误 ③工作负责人完成安全技术交接后，应及时告知作业人员，明确作业人员的活动范围及已采取的安全措施并加强监护	查现场勘察是否仔细，施工方案是否对作业危险点采取有效的安全措施	施工"三措一案"审批意见未填写审批意见和日期，或编制时间早于现场勘察时间。作业过程中，许可人未按顺序许可工作，终结、许可工作票

196

模块 8

基建现场作业风险管控

在模块 8 中，我们将学习以下内容：①制度依据，介绍了基建现场作业风险管控的制度依据，为基建作业提供标准化的管理流程和操作规范；②对基建作业中的关键风险点进行了详细分析，帮助作业人员识别并防范潜在风险；③详细阐述基建现场作业安全风险管控要点，聚焦不同作业类别，阐述了风险点、风险等级、管控措施、督查重点、典型违章等内容。

一、基建现场作业安全风险管控基础

（一）制度依据

①《国家电网有限公司输（变）电工程建设安全管理规定》（国家电网企管〔2021〕89 号）。

②《国家电网有限公司输（变）电工程安全文明施工标准化管理办法》（国家电网企管〔2019〕296 号）。

③《输（变）电工程建设施工安全风险管理规程》（Q/GDW12152-2021）。

④《国家电网有限公司电力建设安全工作规程》（Q/GDW11957）。

（二）基建作业安全风险分类

对输（变）电工程建设施工安全风险采用半定量 LEC 安全风险评价法，根据评价后风险值的大小及对应的风险危害程度，将风险从大到小分为 5 个级别，一到五级分别对应：极高风险、高度风险、显著风险、一般风险、稍有风险。

一级风险（极高风险），指作业过程存在极高的安全风险，即使加以控制仍可能发生群死、群伤事故或五级电网事件的施工作业。一级风险乃计算所得数值，实际作业必须通过改变作业组织或采取特殊手段将风险等级降为二级以下风险，否则不得作业。

二级风险（高度风险），指作业过程存在很高的安全风险，不加控制容易发生人身死亡事故或可能发生六级电网事件的施工作业。

三级风险（显著风险），指作业过程存在较高的安全风险，不加控制可能发生人身重伤或死亡事故，或者可能发生七级电网事件的施工作业。

四级风险（一般风险），指作业过程存在一定的安全风险，不加控制可能发生人身轻伤事故的施工作业。

五级风险（稍有风险），指作业过程存在较低的安全风险，不加控制可能发生轻伤及以下事件的施工作业。

（三）基建安全施工作业必备条件

基建安全施工作业必备条件如表 8-1 所示。

表 8-1　安全施工作业必备条件

序号	指标	必备条件
1	作业人员安全培训	按规定要求经相应的安全生产教育和岗位技能培训并考核合格
2	特种作业人员持证上岗	按照规定要求取得相关特种作业证书
3	职业禁忌	作业人员体检合格，无妨碍工作的病症
4	作业人员年龄	按相关规定，无超龄或年龄不足人员参与作业。年龄不小于 18 周岁，高处作业人员最大年龄不大于 55 周岁
5	设备、设施定期检测	施工机械、设备应有合格证并按要求定期检测且检测合格
6	设备和工（器）具准入检查	按照规定对设备和工（器）具进行准入检查且检查合格
7	安全防护用品配备情况	按规定配备合格的安全防护用品
8	材料合格证	结构性材料均有合格证
9	材料送检率	根据相关规定，要求送检的材料均送检并符合要求
10	安全文明施工设施	施工现场符合《国家电网有限公司输（变）电工程安全文明施工标准》中的强制性标准要求

续表

序号	指标	必备条件
11	施工安全技术方案（措施）及专家论证	按照《国家电网有限公司输（变）电安全管理规定》中附件所列分部分项工程制订专项施工方案并审批（或经专家论证）

（四）安全施工作业风险控制关键因素

安全施工作业风险控制关键因素如表8-2所示。

表8-2 安全施工作业风险控制关键因素

序号	指标	指标简称	风险控制关键因素
1	作业人员异常	人员异常	作业班组骨干人员（班组负责人、班组安全员、班组技术员、作业面监护人、特殊工种从业人员）有同类作业经验，连续作业时间不超过8小时
2	机械设备异常	设备异常	机具设备工况良好，不超年限使用。起重机械起吊荷载不超过额定起重量的90%
3	周围环境	环境变化	周边环境（含运输路况）未发生重大变化
4	气候情况	气候变化	无极端天气状况
5	地质条件	地质异常	地质条件无重大变化
6	临近带电体作业	近电作业	作业范围与带电体的距离满足相关标准、规范的要求
7	交叉作业	交叉作业	交叉作业采取安全控制措施

注1：周围环境指的是地形地貌、有限空间、"四口五临边"、夜间作业环境、运行区域、闹市区域、市政管网密集区域等环境

注2：风险基本等级表中的风险控制关键因素采用表中的指标简称

二、基建现场作业风险管控要点

基建现场作业风险管控要点如表8-3~表8-29所示。

表 8-3 公共部分（施工项目部建设、施工用电布设）

类别	风险点	风险预控措施	督查内容	
			督查重点内容	典型违章
施工项目部建设		①施工项目部应配备施工项目经理（需要时可配备副经理），项目总工、技术员、安全员、质检员、造价员、信息资料员、材料员、综合管理员等人员，管理人员应持证上岗 ②作业层班组骨干人员具有一定的组织指挥能力，能够全面组织指挥现场施工作业，能够有效管控班组其他成员的作业行为，能够准确识别现场安全风险，及时排除现场事故隐患，纠正作业人员的不安全行为，能够掌握并落实"三算四验五禁止"安全强制措施要求，熟悉现场作业环境并能够有效掌握班组作业人员的作业能力及身体、精神状况 ③安全管理机构在工程开工前，建立安全保证和安全监督网络，确保各级管理人员及作业点、材料站（仓库）等处的专职安全员到岗（到位） ④工程开工前，建立环境保护管理网络，落实环境保护责任，辨识因工程建设对环境造成的危害因素，制订防范和治理措施，针对重大环境因素制订并执行环境保护管理方案 ⑤工程开工前，项目设计交底及审查后，施工项目部组织现场初步勘察结果，施工项目部根据初步勘察识别出与本工程相关的所有风险实施计划安排，确定风险实施评估，形成风险识别、评估清册，报监理项目部审核	①查项目部成立的文件 ②查项目部管理人员的资质证书 ③查三级及以上作业风险是否清册	①建设单位将工程发包给个人或不具有相应资质的单位 ②将高风险作业定级为低风险作业

202

模块 8 基建现场作业风险管控

续表

类别	风险点	风险预控措施	督查内容	
			督查重点内容	典型违章
施工现场用电布设	触电、火灾、高处坠落、其他伤害	1. 共性控制措施 ①现场布置配电设施必须由专业电工组织进行 ②高处作业应系安全带，梯子上作业时应有人扶梯 ③配电箱、电缆及开关配件等应绝缘良好，满足规范要求 2. 配电箱及开关安装预控措施 ①配电系统必须按照总平面布置图规划，设置配电柜或总配电箱、分配电箱、开关箱，实行三级配电（两级（首级、末级））保护 ②总配电箱应设在靠近电源的区域，分配电箱应设在用电设备或负荷相对集中的区域，分配电箱与开关箱的水平距离不宜超过 30 米，开关箱与其控制的固定式用电设备的水平距离不宜超过 5 米 ③配电箱、开关箱的电源进线端严禁采用插头和插座进行活动连接。移动式配电箱、开关箱的进、出线绝缘不得破损 ④漏电保护器应装设在总配电箱、开关箱靠近负荷的一侧且不得用于启动电气设备的操作。开关箱中漏电保护器的额定漏电动作电流不应大于 30mA，额定漏电动作时间不应大于 0.1 秒 3. 临时建筑用电布设预控措施 ①现场办公和生活区用电布置，检修必须由专业电工进行，严禁私拉乱接 ②集中使用的空调、取暖设备、蒸饭车等大功率电器应与办公与生活区用电分置并设置专用开关线路 ③所有用电设备配置空气保护开关。开关的容量应满足用电设备的要求，闸刀开关应有保护罩。不得使用熔断器	①查专项用电施工方案 ②查专业电工是否持证上岗 ③查配电系统是否采取三级配电，配电箱是否上锁并可靠接地	①梯上作业时无人扶梯 ②电焊机未单独设置专用开关控制箱 ③电源线采用耐气候型橡皮护套铜芯软电缆，接线长度不满足规范要求

203

供电企业作业风险管控要点

表 8-4　变电站土建工程－站区"四通一平"、站区道路工程作业安全预控措施

类别	风险点	风险预控措施	督查内容	
			督查重点内容	典型违章
场地平整	坍塌、机械伤害	①回填平整作业场地时，不得用铲斗进行横扫或用铲斗对地面进行压实。挖掘机暂停工作时，挖斗放到地面上，不得悬空 ②往机动车上装土，应待车辆停稳后确认车箱内无人方可进行。挖斗不得从机动车驾驶室上方越过 ③推土机行驶前，严禁有人站在履带或刀片的支架上，机械四周应无障碍物，确认安全后方可开动	①查土方开挖的堆土高度是否符合相关规范的规定要求 ②查开挖区域是否设置警戒线并悬挂标示牌	①深基坑内钢筋安装时，未在坑边设置安全围栏，坑边1米内堆放材料和杂物 ②坑内使用的材料、工具上下抛掷
高度小于8米的挡土墙施工	触电、高处坠落、物体打击	①采用块石挡土墙时，卸料车辆应停稳后方可卸料，卸料车辆距离不得小于1米，左向低地卸料时，后轮与边沿距离不得小于1米，防止卸塌或翻车 ②块石挡墙施工时，两人抬运石料时不得乱丢，以防落石伤人。任基坑内卸运石料时，应使用溜槽或吊运的方式，卸料时下方不得有人，整个作业过程设专人指挥 ③修整整石料时应在地面操作并戴防护镜，严禁两人对面操作 ④作业过程中所用脚手架、跳板等材料按规定接零，接地并设置单一开关；遇有临时停电或停工休息时，必须拉闸加锁 ⑤各种电动机具必须按规定接零，接地并设闸加锁	查修整整石料是否佩戴防护镜。查电动工具是否接地或接零	砂轮机使用者未戴防护镜，未站在侧面操作

204

续表

类别	风险点	风险预控措施	督查重点内容	典型违章
边坡及支护坡	触电、高处坠落、机械伤害	①采用挖掘机配合施工时，挖掘机工作位置要平坦，回转时不能从汽车驾驶室上部通过，汽车未停稳不得装车，工作前履带要制动，边坡面上作业时，应在坡顶设置锚固杆，每隔4~5米垂直设置安全绳，作业人员系好安全绳后方可进行坡面支护施工，防止人员坠落。③浆砌片石运送采用人日放置片石不宜过多，防止石块滚落，坡面上的片石应放置在事先挖好的沟槽内且放置过程中应注意下方人员，砌筑废料禁止向下抛掷。④浆砌片石砌筑过程中应按规定接零、接地并设置单一开关；遇有临时停电或停工休息时，必须拉闸加锁。⑤各种电动机具必须按规定接零、接地并设置单一开关；遇有临时停电或停工休息时，必须拉闸加锁	①查挖掘机作业回转半径内是否有人作业。②查砌筑作业是否向下抛掷材料。查坡顶是否设置安全警戒线并悬挂警示标示牌	①汽车式起重机起吊作业在吊车正前方起吊、变幅角度或回转半径与起重量不匹配。②安全带、安全绳等安全工器具未按规定要求进行保管、维护
道路施工	触电、机械伤害	①机械填压作业时，机械操作人员应持证上岗，作业过程设专人指挥，两台以上压路机同时作业时，操作人员应将各台压路机的前后间距保持在4米以上。②施工机械在停放时应选择平坦坚实的地方并将制动器制动住，不得在坡道或上路边停车。③在坡地或松土层上打夯时，严禁背着牵引人。几台机器同时工作时，各台机器之间应保持一定的距离，平行距离不得小于5米，前后距离不得小于10米。打夯机暂停工作时，应切断电源。电气系统发生故障时，应由专职电工处理。④使用振动器时，电源线应采用绝缘良好的软像胶电缆，开关及插头应绝缘完整，绝缘良好。严禁直接将电源线插入插座。使用振动器的操作人员应穿绝缘鞋、戴绝缘手套	①查机械操作人员是否持证上岗，作业过程是否设专人指挥。②查打夯机操作人员是否戴绝缘手套，电源线是否有破损，接头包扎是否裸露	①建设单位将工程发包给个人或不具有相应资质的单位。②地锚设置土质不良，回填土层未逐层夯实

表8-5 变电站土建工程-基础施工作业安全预控措施

类别	风险点	风险预控措施	督查内容	
			督查重点内容	典型违章
基础开挖	坍塌	①基坑顶部应按规范要求设置截水沟。基坑底部应做好井点降水或集中排水措施并按照设计要求进行放坡，若因环境原因无法放坡时，必须做好支护措施。 ②一般土质条件下，弃土堆边至基坑顶边距离≥1米，弃土堆高≤1.5米；垂直坑壁边坡条件下，弃土堆底至基坑顶边距离≥3米。软土场地的基坑则不应在基坑边堆土。 ③土方开挖中，现场监护及施工人员必须随时观测基坑周边人员、观测到基坑边缘有裂缝和渗水等异常时，立即停止作业并报告班组负责人，待处置完成合格后再开始作业。 ④机械开挖时采用"一机一指挥"的措施，有两台挖掘机同时作业时，保持一定的安全距离，在挖掘机旋转范围内不允许有其他作业。开挖施工区域，夜间应挂指示灯。 ⑤对开挖形成塌落深度1.5米及以上的基坑，应设置钢管扣件组装式安全围栏并悬挂安全警示标志，围栏离坑边不得小于0.8米。	①土方开挖，堆土高度是否符合相关规范规定要求，挖土区域是否设置警戒线。 ②机械开挖是否采取"一机一指挥"的措施	①施工组织设计中未包含安全技术措施专篇（安全技术计划）。 ②基坑土方超挖且未采取有效措施。深基坑施工未进行第三方监测，基坑塌陷出现风险预兆未及时处理
钢筋安装	触电、物体打击、机械伤害	①钢筋制作场地应平整，工作台应稳固，照明灯具应加设防护网罩。 ②展开盘圆钢筋时，要两端卡牢，特别是当料盘上钢筋快完时要严防钢筋端头打人，不允许无关人员站在机械附近，防止回弹伤人。 ③切断长度小于400毫米的钢筋时，严禁直接用手把持 ④严禁戴手套操作钢筋调直机，当钢筋直径大于9毫米的钢筋调直，手与电轮必须保持一定距离，不得接近；短于2米或直径大于9毫米的钢筋调直，进行调直机加工。操作钢筋弯曲机时，人员站在钢筋活动端的反方向；弯曲小于400毫米的短料钢筋时，要防止钢筋弹出伤人 ⑤绑扎柱钢筋，不得站在钢箍上绑扎，不得将料、管子等穿在钢箍内用作脚手板	①操作钢筋调直机时，高处焊接钢筋安装时，是否戴手套。钢筋集中堆放在模板或脚手架上 ②焊接地是否接地且接地可靠。 ③绑扎钢筋，作业人员是否站在钢筋骨架上	①使用调直机调直钢筋时，操作人员未与滚筒保持一定距离，戴手套操作 ②钢筋加工机械防护装置缺失、破损，现场未悬挂操作规程，现场机械操作未采用"一机一闸一漏保"的措施

续表

类别	风险点	风险预控措施	督查内容	
			督查重点内容	典型违章
模板安装	坍塌、高处物体打击、高处坠落	①模板安装前应确定模板的模数、规格及支撑系统等，在施工作业过程中严格执行，不得变动。模板支撑脚手架搭设经验收合格，各类安全警告、提示标牌齐全。②建筑物框架施工，模板运输时施工人员应从安全通道上下，不得在模板、支撑上攀登。严禁在高处的独木或悬吊式悬吊模板或模板上行走。③模板安装时，禁止作业人员在柱模板上操作、模板上行走，不得站立在柱模板上操作，严禁在梁底模板上操作及在模板上行走	①施工人员是否在模板、支撑上攀登上下。②支设4米以上立柱模板时，除模板人员在模板上，人员是否在柱模板上操作及在模板上行走	①拆下的模板未及时清理，"朝天钉"未拔除或砸平。②安装与拆除模板时，作业人员在模板、支撑、拉条或绳索上攀登，独立梁及其模板上行走
混凝土模板支撑系统	坍塌、物体打击、高处坠落	①模板顶撑应垂直，底端应平整并加垫木，木楔应钉牢，支撑必须用横杆和剪刀撑固定，支撑处地基必须坚实，严防支撑下沉、倾倒。模板支撑按照相关规定进行抽检用脚手架。②作业人员在架子上进行搭设作业时，不得单人进行装设较重构配件和其他易发生失衡、脱手、碰撞、滑跌等不安全的作业。③每个支撑架架体必须按规定设置两点防雷接地设施	①模板支撑是否使用劈裂、扭曲、劈裂腐朽的材料。②高处作业人员是否使用安全带，是否穿防滑鞋。支撑架架体是否设置防雷接地设施	①振捣作业人员未穿绝缘靴、未戴好绝缘手套。②钢管脚手架无防雷接地措施

207

续表

类别	风险点	风险预控措施	督查内容 督查重点内容	督查内容 典型违章
混凝土作业	触电、机械伤害	①搅拌机上料斗升起过程中，禁止在斗下敲击斗身，出料口设置安全限位挡墙。②指定专人（搅拌机操手）操作搅拌机，操作前检查传动机械装置安好，接地线已装设。搅拌机运转时，严禁作业人员将铁铲等工具伸入滚筒内，严禁出料时中途停机，严禁满载启动。③采用吊罐运送混凝土时，钢丝绳、吊钩、吊扣必须符合安全要求且连接牢固，罐内的混凝土不得装载过满，吊罐转向、行走应缓慢，不得急刹车，下降时应听从指挥信号，吊罐下方严禁站人。④浇筑混凝土前检查模板及脚手架的牢固情况，作业人员必须穿好绝缘靴，戴好绝缘手套后再进行振捣作业。在操作振动器时严禁将振动器冲击绝缘或振动钢筋、模板及预埋件等。振动器搬动或暂停，必须切断电源。不得将运行中的振动器放在模板、脚手架或未凝固的混凝土上	①搅拌机运转时，作业人员是否将铁铲等工具伸入滚筒内。②装载机操作人员是否严格执行装载机的各项安全操作规程	①混凝土搅拌机转动时，作业人员将铁锹伸入滚筒内机料。②装载机、平板车、叉车等施工机械非驾乘位置载人
模板拆除	坍塌、物体打击、机械伤害	①拆模前，应保证同条件试块试验满足强度要求。②模板拆除应严格执行安全警戒标志并设置施工方案，按顺序分段进行。高处拆模应确定警戒范围，设置作业人员脚穿防滑鞋并设专人监护，在拆模范围内严禁非操作人员进入。③高处拆除模板时必须系好安全带。拆除的模板稳固的立足点，是否系好安全带。④作业人员拆除模板作业前应佩戴好工具袋、作业时将螺栓、螺帽、垫块、扣件等小物品放在工具袋内，严禁非操作人员进入销卡，扣件等小物品放在工具袋内，严禁随意抛下。⑤拆下的模板应及时运到指定地点集中堆放，不得堆在脚手架或临时搭设的工作台上	①模板拆除是否严格执行施工方案。②高处拆除模板时是否确定警戒范围，设置安全警戒标志并设专人监护。在模板拆除范围内是否有非操作人员进入	①在有电缆、光缆及管道等地下设施的地方开挖时，未事先取得有关管理部门的同意，未制订施工方案，没有专人监护。②模板拆除工作未设专人指挥，作业区内未设围栏、安全网等防护措施

续表

类别	风险点	风险预控措施	督查重点内容	典型违章
主体填充墙砌筑	高处坠落、物体打击	①作业人员严禁站在墙身上进行砌砖、勾缝、检查大角垂直度及清扫墙面等作业或在墙身上行走。②采用门型脚手架上下榀门架的组装与门架配套的挂钩式钢脚手板的操作层上必须满铺脚手板。脚手架上堆料重不准超过2米时，应布设防护栏杆。脚手架操作人员不得超过2人。不准用不稳固的工具或物体在脚手板上垫高操作。同一垂直面内上下交叉作业时，必须设安全隔板，作业面应设置挡脚板。③作业人员在高处作业前应准备好使用的工具，在高处作业时，严禁任向下方是否有人，不得向墙外欣砖。砌筑用的脚手架在施工未完成时，严禁任意拆除支撑或挪动脚手板	作业人员是否站在墙身上进行砌砖、勾缝、在墙身上行走。脚手架操作层高度≥2米时，是否设防护栏杆、脚手板是否完全铺设	脚手架作业层脚手板未满铺或未固定
防水、保温层施工	触电、火灾、高处坠落	①采用热熔法施工屋面防水层。②施工现场及存放防水卷材和粘结剂的仓库配置消防器材。③材料粘结剂运输桶要随用随封盖，以防溶剂挥发过快导致造成环境污染。④屋面防水池等用汽车吊等起重机械应做好相应安全措施。⑤在事故油池、消防水池等有限空间内气体合格后方可开始施工。施工过程中应保持通风良好，在确认现场实际情况进行实时检测并做好记录后作业"的原则，根据现场实际情况进行实时检测并做好记录。⑥若采用预制砼隔热板，铺贴时碎片不得向下抛扔，切割时应戴防护镜	①采用热熔法施工屋面防水层时，是否正确使用喷灯进行热熔。②施工现场防水卷材及存放防水卷材和粘结剂的仓库是否配置充足有效的消防器材	动火作业前，未清除动火现场及周围的易燃物品

续表

类别	风险点	风险预控措施	督查内容 督查重点内容	督查内容 典型违章
抹灰施工	高处坠落、物体打击	①抹灰作业时可使用木凳、金属支架或脚手架等，脚手架跨度不得大于2米，在同一个跨度内施工作业人员不得超过2人。高处作业时应系好安全带并设专人监护 ②梯子不得接长，使用时放置稳固，上端1米处设置限高标识，绑扎使用，能承受抹灰作业人员和所携带工具攀登时的总重量，有人扶持和监护 ③梯子使用时应放置稳固，与地面的夹角不小于65度且不大于75度。登梯前，应先进行试登，确认可靠后方可使用 ④在梯子上作业时，作业人员应有人扶持和监护。梯子下面应有人扶持和监护，人字梯应配具有坚固的铰链和限制开度的拉链 ⑤采用装饰门型脚手架时，脚手架应有防滑、防移动的防护措施。在脚手架的操作层上必须连续满铺竹钢制脚手板，操作层高度≥2米时，应布设防护栏杆。不准随意拆除脚手架上的安全措施。作业结束，进行场地清理	①在同一个跨度内施工作业的人员是否超过2人。高处进行抹灰作业时是否系安全带，是否设专人监护 ②梯子搭接，绑扎使用，上端1米处是否设置限高标识。梯子下面是否有人扶持梯子，是否有人监护	①同杆（塔）架设多回线路中部分线路停电，登杆（塔）和在杆（塔）上工作时，未对每基杆（塔）都设专人监护 ②硬质梯子无防滑措施，横档未嵌在支柱上。使用单梯工作时，梯与地面的斜角过小或过大，距梯顶1米处无限高标志，梯阶无限高标志，梯阶间的距离大于0.3米
装饰与装修作业	中毒、高处坠落、机械伤害、物体打击	①在事故油池、消防水池等有限空间内作业时，在确认有限空间内气体合格后方可开始施工。施工过程中应保持通风良好，根据现场实际情况进行实时检测并做好记录	①作业人员是否穿着安全防护服，是否佩戴密闭式护目镜和口罩	①焊割作业时，操作人员未穿戴专用工作服、防护手套等绝缘鞋、防护专业劳动保护用品。观察电弧时，作业人员未佩戴眼护装置助人员及辅眼护装置

210

续表

类别	风险点	风险预控措施	督查内容	
			督查重点内容	典型违章
装饰与装修作业	中毒、高处坠落、机械伤害、物体打击	②在脚手架上进行涂饰作业前应检查脚手架是否牢固，在悬吊设施上进行涂饰作业前应检查固定端是否牢固，悬索是否结实可靠 ③作业人员应穿着安全防护服、电动工具清理墙面时，应注意风向和操作方向，佩戴密闭式护目镜和口罩。在用钢丝刷、刮腻子和滚动涂漆作业时，尽量保持作业面与视线在同一高度，避免仰头作业 ④作业过程中所用的梯子不得搁在楼梯或斜坡上作业。使用的工具性脚手架、跳板等材料必须符合规定，搭设应稳固。脚手板跨度不得超过2米，材料堆放不得过于集中，同一跨度内作业不得超过两人 ⑤在室内光线照射不充足的地方作业及夜间作业时，必须保证工作面内有足够的照明，夜间，在楼梯间过道和转角处必须设置照明设施 ⑥进行耐酸、防腐和有毒材料施工时，应保持室内通风良好，应加强防火，防毒、防止和防酸碱的安全防护 ⑦机械喷浆的作业人员应佩戴防护用品 ⑧涂刷作业口应拧紧卡牢，管路应避免弯折，输浆管各接口应拧紧卡牢，管路应避免弯折，压力表、安全阀应灵敏可靠。油漆使用后应及时封存，废料应及时清理。不得在室内有机溶剂清洗工具 ⑨切割石材、瓷砖时机械操作应戴防护眼镜，防止机械伤人眼 ⑩瓷砖墙面作业时，剔凿瓷砖应采取防尘措施，操作人员应佩戴防尘口罩。贴面砖的过程中防止砂浆落入眼中、机械操作中要防止机械伤人 ⑪安装门窗必须采用预留洞口或先安装后砌口的方法施工	②脚手板跨度是否大于2米，材料堆放是否过于集中，同一跨度内作业是否超过两人	②有限空间作业未执行"先通风、再检测、后作业"的要求，未正确设置监护人，未配置使用安全防护装备或不正确使用安全防护装备、应急救援装备

211

续表

类别	风险点	风险预控措施	督查内容	
			督查重点内容	典型违章
装配式防火墙施工	起重伤害、高处坠落	1. 预制构件进场预控措施 ①加工成型的构件应分类堆放，堆放场地应平整、坚实、干燥 ②构件底部要设垫木并垫平垫实，构件堆放要平稳 ③梁及柱堆垫堆放高度不应超过1米，防止倾倒伤人 ④构件运至现场后，放置要平稳，堆放时，每5块盖板用木方加以分隔 2. 防火墙的柱、梁及墙板施工预控措施 ①当天吊装完成的构件必须拆除临时拉线规定的强度前不得拆除临时拉线 ②梁吊装时所用的吊带或钢丝绳在吊点处要有防护措施，防止因梁的主筋将吊绳卡断 ③吊装过程中，梁两端要用溜绳控制横梁方向，待横梁距就位点的正上方200～300毫米且稳定后，作业人员方可进入作业点	①梁及梁垫堆放高度是否超过1米，是否有防止倾倒的措施 ②吊车支腿是否不实，起吊过程中是否无人监护，吊臂及吊物下方是否有人或有人经过	起吊重物时未使用控制绳
设备支架及一般起重吊装	起重伤害	①汽车式起重机不准吊重行驶或不打支腿就吊重。在打支腿前，应修整地面，垫放枕木。起重机各项措施安全可靠后再进行起重作业 ②吊索（千斤绳）的夹角（千斤）的夹角一般不大于90度，最大不得超过120度 ③起重吊绳（钢丝绳）及U形环钢丝绳直径的15倍且最小长度不得小于300毫米。钢丝绳的辫接长度必须满足钢丝绳直径的15倍且最小长度不得小于300毫米。起吊大作业或不规则组件时，应在吊件上拴以牢固的溜绳 ④起重工作区域内无关人员不得停留或通过 ⑤起吊前应检查起重设备及其安全装置，确认良好后方可正式起吊	①吊车支腿是否不实 ②起重工作区域内是否停留或通过，起吊区域是否设置围栏。起重作业是否设置专人指挥	①汽车式起重机作业前未支好全部支腿，支腿未按规程要求加垫木 ②起吊重物时未使用控制绳

模块 8 基建现场作业风险管控

续表

类别	风险点	风险预控措施	督查重点内容	典型违章
起重机械临近带电体作业	触电	①作业时，起重机臂架、吊具、辅具、钢丝绳及吊物等带电体的最小安全距离要满足相关规范规定的要求并设专人监护 ②临近带电体作业，如不满足相关规范规定的安全距离的，应制订防止误碰带电设备的专项安全措施并经本单位分管总工程师或总工程师审核批准。申请停电作业 ③长期或频繁地临近带电体作业时，应采取隔离防护措施 ④临近高低压线路时，必须与线路运行部门取得联系，得到书面许可方可并由运行人员在场监护的情况下可以吊装作业 ⑤当构架与起吊后与线路对接的过程中，作业人员注意不要将手扶在地脚螺栓处，避免构架吊起后与线路对接后突然落下将手压伤	①临近带电体作业，安全距离是否按照"三算"进行计算 ②起重机械接地是否可靠	①在运行变电站手持非绝缘物件时超过本人的头顶，在设备区内撑伞 ②在运行变电站及高压配电室搬动梯子、线材等长物时，未放倒由两人搬运
构架和横梁及避雷针吊装	起重伤害、高处坠落	1. 共性措施 ①起吊前，吊车司机要对吊车的各种性能进行检查 ②吊车必须支撑平稳，必须设专人指挥，吊臂及吊物下严禁站人或有人经过 ③起重作业中，如遇有六级及以上大风或雷暴、冰雹、大雪等恶劣天气时，停止起重和露天高处作业 ④高处作业所用的工具袋和材料放在工具袋内或用绳索拴在牢固的构件上，较大的工具和材料，上下传递物件使用绳索，不得抛掷 ⑤起吊物要绑牢并有防止倾倒的措施 2. A 构架吊装措施 ①钢管支架在现场堆放时，高度不得超过 3 层，堆放的地面应平整坚硬，杆段下面应多点支垫，两侧应掩牢 ②吊索与物件的夹角适宜区间为 45 度～60 度且不得小于 30 度或大于 120 度，吊索与物件棱角之间应加垫块。钢丝绳的弯接长度必须满足钢丝绳直径的 15 倍且最小长度不得小于 300 毫米	①吊装作业，是否按照"三算"进行计算，选择相应的吊车。吊车是否支撑平稳，是否设专人指挥 ②吊带或钢丝绳等吊索是否满足起吊荷载	①吊车支腿枕木少于 2 根，或者枕木长度不足 1.2 米 ②恶劣天气后未对运输道路进行隐患排查工作

213

续表

类别	风险点	风险预控措施	督查内容	
			督查重点内容	典型违章
构架和横梁及避雷针吊装	起重伤害、高处坠落	3. 横梁吊装措施 ①横梁吊装时所用的吊带或钢丝绳，在吊点处要有防护措施，防止横梁的主铁将吊绳卡断 ②钢丝绳的搏接长度必须满足钢丝绳直径的15倍且最小长度不得小于300毫米。钢丝绳端部用绳卡固定连接时，绳卡压板应在钢丝绳主要受力的一边不得正反交叉设置。绳卡间距不应小于钢丝绳直径的6倍，连接端的绳卡数量不少于3个		
格构式构架支架组立	物体打击、高处坠落、起重伤害	①设备支架也可直接在基础上组好，严禁抛递螺栓及其他铁件 ②当构架起吊后与地脚螺栓对接时，作业人员应注意不要将手扶在地脚螺栓处，避免构架突然落下将手压伤 ③横梁就位时，施工人员严禁站在构架节点上方，应及时用螺栓固定止用手指触摸螺栓固定孔。横梁就位后，作业人员应注意不要将手定位，应使用尖扳手定位，禁止用手指触摸螺栓固定孔 ④整个组立过程中，绳在组立过程中被卡断或受损 ⑤起吊物应绑牢并有防止倾倒的措施	①设备支架直接在基础上组装时，作业人员是否抛递螺栓及其他铁件 ②横梁就位时，施工人员是否站在构架节点上方	①组立杆（塔）、撤杆（塔）、撤线或紧线前未按规定采取防倒杆（塔）措施 ②架线施工前，未紧固地脚螺栓

214

续表

类别	风险点	风险预控措施	督查内容 督查重点内容	督查内容 典型违章
接地网施工	触电、物体打击、其他伤害	①人工开挖接地网沟时，开挖工具应完好、牢固 ②人工开挖接地网沟时，作业人员相互之间应保持安全作业距离，横向间距不小于2米，纵向间距不得超过1.5米 ③人工开挖接地网沟时，挖掘施工区域应设置安全警示标志，夜间应有照明灯 ④机械挖掘接地网沟前，必须对作业场区进行检查，在作业区域内不得有架空电线、电缆、杂物及障碍物 ⑤在挖掘机械旋转范围内，不允许有其他作业 ⑥接地网敷设及连接时，应事先判断物体的重心位置，选择抬运工具和绑扎工具，使抬运人员承力均衡	①挖出的土石方堆放距离是否满足相关规范的要求。挖掘施工区域是否设置安全警示标志并悬挂标示牌 ②开挖前是否对地下管线进行勘察。在挖掘机械旋转范围内，是否有其他作业	①金属结构安装施工现场照明不充足，潮湿部位未选用密闭型防水照明器或配有防水灯头的开启式照明灯具，未设有自备电源的应急灯等照明器材 ②电缆直埋敷设施工前未查清图纸，足够数量的样洞和样沟，未摸清地下管线分布情况

215

续表

类别	风险点	风险预控措施	督查内容	
			督查重点内容	典型违章
围墙工程施工	物体打击、高处坠落、其他伤害	①采用毛石混凝土时，基础选用的毛石应符合设计要求，搬运毛石用的绳索、工具等应牢固，基础选用的毛石应相互配合，动作一致 ②毛石基础砌筑作业过程较大时应搭设脚手架 ③在脚手架上砌石不得使用大锤，严禁两人对面操作 ④墙体砌筑：作业人员在高处作业前应准备好使用的工具，严禁在高处砍砖 ⑤作业过程中所用脚手架、跳板等材料必须符合规定。在脚手架上进行涂饰作业前应检查脚手架是否牢固 ⑥作业结束，应进行场地清理，将脚手板上的余浆清除干净，不得直接抛掷杂物 ⑦格栅式围墙施工：电动机械或电动工具必须做到"一机一闸一保护"，暂停工作时应切断电源。使用手持式电动工具时必须按规定使用绝缘防护用品	①施工过程中，安全工（器）具是否使用得当 ②施工机具等是否满足相关技术规程要求，施工用电是否落实到位	①电动工具、机具未接地或接零不好 ②项目监理机构未在施工人员及特种设备、机械、工（器）具等报审文件中签署意见

216

模块 8　基建现场作业风险管控

续表

类别	风险点	风险预控措施	督查内容 督查重点内容	督查内容 典型违章
钢结构地面加工、组装	起重伤害、物体打击	①在焊接或切割地点周围 5 米范围内清除易燃、易爆物并配备足够的灭火器材。②切割机、电焊机等有单独的电源控制装置，外壳必须接地可靠。③电动机械或电动工具使用绝缘防护用品，必须按规定使用绝缘防护用品，使用手持式电动工具时，必须做到"一机一闸一保护"。④起重机械与起重工（器）具必须经过计算选定，起重机械应取得安全准用证并在有效期内，起重工（器）具应经过安全检验合格后方可使用。⑤起吊前检查起重设备及其安全装置。吊装过程中设专人指挥，吊臂及吊物下严禁站人或有人经过	①在焊接或切割范围内是否有易燃、易爆物，是否配备了足够的灭火器材。②切割机、电焊机等是否有单独的电源控制装置，外壳可靠接地可靠	①动火作业前未清除动火现场及周围的易燃物品。②未采取其他有效的防火安全措施
钢结构吊装	起重伤害、高处坠落	①钢结构基础部分经过验收合格，地脚螺栓与钢结构地脚板校核无误，满足钢结构安装安全技术要求，方可开始吊装作业。②吊装区域必须规范设置警戒区域，设专人监护，悬挂警告牌，严禁非作业人员进入。吊装过程中设专人指挥，设专人监护或有人经过，可靠后再进行起重作业。③汽车起重机不准吊重行驶或不打支腿就位。起重机各项措施检查安全可靠后再进行起重作业。④起重工作区域内，无关人员不得停留或逗留。起吊物应绑牢并防止倾倒或通过。在伸臂及吊物下，严禁任何人员通过。⑤两台及以上起重机抬吊情况下，绑扎对接吊物的下方，严禁任何人员通过。⑤两台及以上起重机抬吊情况下，应根据各合起重机的允许起重量按比例分配负荷。⑥当地脚螺栓处，避免构架突然落下将手压伤，扶在地脚螺栓处，避免构架突然落下将手压伤。⑦钢柱标高、轴线调整完成，临时拉线固定并做好临时接地之后，再开始登杆作业，摘除吊钩	①吊车起重机械支腿是否满足要求。是否有专人指挥起重作业。②高处作业是否采取可靠的安全措施	①汽车式起重机作业前未支好全部支腿未加垫木。②交叉作业未设置安全防护或未进行警戒、监护

217

供电企业作业风险管控要点

表8-6 变电站土建工程-防火墙大面积（超长、超高）钢模板安装作业安全预控措施

类别	风险点	风险预控措施	督查内容	
			督查重点内容	典型违章
安装作业平台搭设	触电、高处坠落、起重伤害、其他伤害	①技术人员编制作业指导书，指明作业过程中的危险点，布置防范措施，接受交底人员必须在交底记录上签字 ②安装作业面必须搭设双排钢管脚手架，脚手架在使用前必须经过验收合格并悬挂搭设牌和验收牌 ③在吊装钢模板作业区域应设警戒线 ④吊车、卸扣、吊绳（带）、支架、钢绳、道木、爬梯等主要机具及材料配置到位并经检查试验合格	①脚手架在使用前是否验收合格，是否悬挂搭设牌和验收牌 ②在吊装作业区域内是否设置警戒线。卸扣、钢丝绳等吊具是否合格	①脚手架安全通道设置不规范 ②使用达到报废标准的或超出检验期的安全工（器）具
安装作业	触电、高处坠落、起重伤害、其他伤害	①吊装钢模板的吊车按照现场实际工况经计算现场指定 ②大面积钢模板起吊应使用起重钢丝绳和卸扣进行起吊，吊点位置必须经过计算现场指定。严禁钢丝绳挂接，严禁其他作业人员随意挂绳 ③起吊前应检查起重设备及其安全装置，确认无误后方可继续起吊并设置控制牵引绳 ④起重工作区域应设置警戒线，无关人员不得停留或通过 ⑤起吊过程中，防止组件，吊件与安装作业双排钢管脚手架发生碰撞，严禁吊物下禁站人或有人经过。在伸臂及吊装完成位过程中，高空作业人员应采取安全保护措施 ⑥钢模板起吊就位及时固定构件	①吊车是否根据吊物实际重量进行选择 ②起重工作区域是否设置警戒线，是否有专人进行指挥。卸扣、钢丝绳等吊具是否合格	①装载机、平板车等施工机械非驾乘位置载人 ②高处作业未使用工具袋，较大的工具未用绳索挂在牢固的构件上

218

模块 8 基建现场作业风险管控

表 8-7 变电站土建工程-接地极工程作业安全预控措施

类别	风险点	风险预控措施	督查内容	
			督查重点内容	典型违章
基坑开挖	坍塌	①若采用机械化或智能化装备施工时，风险等级可降低一级管控 ②一般土壁边坡条件下，弃土堆底至基坑顶边距离≥1米，弃土堆高≤1.5米；垂直土壁边坡条件下，弃土堆底至基坑顶边距离≥3米。软土场地的基坑则不应在基坑边堆土 ③基坑顶部按规范要求设置截水沟。在挖出的坑道两侧设置硬质护栏并设有明显标志和提示标志，夜间设有警示灯 ④挖土采用机械挖土，在机械作业半径内禁止站人	①基坑是否满足安全设计等级 ②基坑周边安全是否实施了安全措施 ③机械施工中，人的行为是否符合安全规范	①基坑开挖时，堆土距坑边小于1米，高度超过1.5米 ②开挖深度超过2米时，未设置防护栏杆或防护栏杆设置不规范 ③未定期开展特种设备自行检查
电缆敷设	物体打击	①电缆敷设时应设专人统一指挥，指挥人员指挥信号应明确，传达到位。施工前，作业人员应及时保证刻通信畅通，在拐弯等处应有专人看护，防止电缆脱离滚轮，避免出现电缆被压、磕碰及其他机械损伤等现象发生 ②敷设人员戴好安全帽、手套，严禁穿塑料底鞋，抬电缆行走时应听从指挥统一口令，用力均匀、协调 ③拖拽人员应精力集中，要注意脚下的设备基础、电缆支撑物、土堆等，避免绊倒、摔伤。作业人员应听从指挥统一行动，砸脚、砸腰时要协调一致同时放下，避免扭腰，放电缆时要注意脚下，避免砸脚和磕坏电缆外绝缘	①人员安全防护用品是否正确使用 ②施工过程中的危险点是否明确并实施了安全措施	①作业人员进入作业现场未正确佩戴安全帽、工作服，未穿全棉长袖工作服、绝缘鞋 ②现场实际情况与勘察记录不一致

表 8-8 变电站土建工程－钢管脚手架搭设作业安全预控措施

类别	风险点	风险预控措施	督查内容	
			督查重点内容	典型违章
搭设落地式双排钢管扣件脚手架、碗扣式脚手架、盘扣式脚手架	坍塌、高处坠落、物体打击	①搭设前，应装置好围栏，严禁非施工人员入内。悬挂安全警示标志并派专人监护 ②搭设完成应经验收挂牌后使用 ③高处作业，脚穿防滑鞋，佩戴安全带并保持高挂低用 ④每个脚手架架体，必须按规定设置两点防雷接地设施 ⑤对脚手架每月至少维护一次，损坏后及时恢复使用 ⑥模板支撑架支撑脚手架与外墙脚手架不得连接。附近有带电设施时，保持与带电设备的安全距离 ⑦架体使用过程中，主节点处横向水平杆、直角扣件连接件严禁拆除	①脚手架搭设是否严格执行施工方案。钢管等是否有变形、裂纹、断裂等缺陷 ②脚手架搭设完成后是否经业主及监理验收并悬挂标识牌	①钢管脚手架无防雷接地措施，整个架体未从立杆根部引设两处（对角）防雷接地 ②拉线、地锚、索道投人使用前未开展验收。组塔架线前未对地脚螺栓开展验收。验收不合格，未整改即投人使用

表 8-9 变电站土建工程－脚手架拆除作业安全预控措施

类别	风险点	风险预控措施	督查内容	
			督查重点内容	典型违章
脚手架拆除作业	坍塌、高处坠落、物体打击、其他伤害	①脚手架拆除前，必须确认混凝土强度达到设计和规范要求，否则严禁拆除模板支撑架。拆除前，对脚手架做全面检查，清除剩余材料、工器具及杂物 ②脚手架拆除时要统一指挥，上下呼应，动作协调。当解开与另一人有关的扣件时应通知对方，以防坠落 ③拆除脚手架时，必须设置安全围栏，确定警戒区域，挂好警示标志并指定监护人加强高挂低用。佩戴安全带并保持高挂低用，架材有专人传递，不得抛扔，及时清理出现场	①脚手架拆除时是否有专人统一指挥 ②高处作业人员是否正确使用安全带等防护用具。架材是否有专人传递，是否抛扔，是否及时清理出现场	①脚手架未每月进行一次检查，在大风、暴雨和寒冷地区开冻后及停用超过一个月时，未经检查合格就使用 ②作业层脚手板未铺满、铺稳，铺设长度小于150毫米，作业层端部脚手板两端均未与支撑杆可靠固定，脚手板与墙面的间距大于150毫米

表8-10 变电站电气工程-油浸电力变压器、油浸电抗器施工作业安全预控措施

类别	风险点	风险预控措施	督查内容	
			督查重点内容	典型违章
变压器进场	机械伤害	①进场前，必须报送专项就位方案及人员资质证书 ②就位前，作业人员应检查所有绳扣、滑轮及牵引设备完好无损 ③在用液压千斤顶把主变压器设备主体顶意指挥液压机操作工 ④主变压器刚从车上顶至滑轨时，应停止顶动，检查滑轨、垫木等是否平稳，牢靠，确认无误后方可继续走动 ⑤顶推过程中，任何人不得在变压器前进范围内停留或走动 ⑥液压机操作人员应精神集中，要根据指挥人员的信号或手势进行开动或停止动作，加压时应平稳 ⑦变压器顶升时，检查垫木是否平稳，牢靠，缓慢下降，确保变压器本体就位平稳 ⑧各千斤顶动作应均匀、匀速	①主变就位专项施工方案、人员资质证书报送，人员资质证书是否报送 ②就位前，作业人员是否检查所有绳扣、滑轮及牵引设备完好无损	①建设单位将工程发包给个人或不具有相应资质的单位 ②放线、线盘架不稳定，制动不可靠
变压器、电抗器安装（油浸不吊罩）	机械伤害、高处坠落	1.不吊罩检查 ①当器身内部含氧量未达到18%以上时，应连续充入露点小于-40℃的干燥空气，应设专人监护，防止检查人员缺氧窒息 ②在器身内部检查过程中，防止检查人员缺氧窒息 ③器身检查时，检查人员应穿无纽扣、无口袋、不起绒毛且干净的工作服和耐油防滑靴 ④器身内部检查前要清点所有物品、工具，发现有物品落入变压器内要及时报告并清除 2.套管安装 ①宜使用厂家专用吊具进行吊装。采用吊车小勾（或链条葫芦）调整套管安装角度时，应防止小勾（或链条葫芦）与套管碰撞，伤及瓷裙	①进人器身前是否检测氧气含量。器身检查时，人员着装是否合格 ②吊带、钢丝绳等用具是否合格。吊车起重机械支腿是否满足要求。是否有专人指挥作业	①在易燃、易爆物品周围或禁火区域携带明火种、使用明火、吸烟。未采取防火等安全措施即在易燃物品上方进行焊接、下方无监护人 ②在带电设备附近起吊作业，吊车未可靠接地

续表

类别	风险点	风险预控措施	督查重点内容	典型违章
变压器、电抗器安装（油浸/不吊罩）	机械伤害、高处坠落	②在套管法兰螺栓未完全紧固前，起重机械必须保持受力状态 ③高处摘除套管吊绳时，必须使用高空作业车。严禁攀爬套管或使用起重机械吊钩吊人 ④当套管试验采用专用支架竖立时，必须确保专用支架的结构强度并与地面可靠固定 ⑤套管安装时使用定位销缓慢插入，防止瓷件碰撞法兰 3. 油务处理、抽真空、注油及热油循环 ①滤油场地附近应无易燃、易爆物，设置安全防护围栏，安全标志牌和消防器材。变压器、滤油机、油罐周边 10 米内严禁烟火，不得有动火作业 ②滤油机设置专用电源，外壳接地电阻不得大于 4Ω		

表 8-11 变电站电气工程-断路器安装作业安全预控措施

类别	风险点	风险预控措施	督查重点内容	典型违章
断路器搬运、开箱、安装及充气	窒息、爆炸、机械伤害、高处坠落、其他伤害	①使用吊车卸车搬运时,吊车司机和起重人员必须持证上岗。配合吊装的作业人员,应由掌握起重知识和有实践经验的人员担任。 ②吊装前,作业人员应检查吊装工具的完好性。 ③吊装过程设专人指挥,指挥人员应站在能全面观察到整个作业范围及吊车司机和司索人员的位置,任何工作人员发出紧急信号后都必须停止吊装作业。 ④吊装过程中,作业人员应听从吊装负责人的指挥,不得在吊件和吊车臂活动范围内的下方停留和通过。 ⑤起吊应缓慢进行,确认无问题后,方可继续起吊。 ⑥断路器应拔先上盖后四周的顺序进行开箱,开箱作业人员相距不可太近,拆除的箱盖螺丝严禁向下抛掷,拆下的箱板应及时清理,开箱时,应防止撬棒等工具硬砸伤断路器瓷裙。 ⑦吊装吊件时,作业人员应双手扶持机构箱侧面,严禁手扶底面,防止压伤手指。 ⑧单柱式断路器本体、灭弧室安装时宜设溜绳,使用的临时支撑必须牢固,使用前进行检查。 ⑨作业人员宜站在马凳或脚手架搭设的平台上作业。 ⑩吊车将断路器本体缓慢直立并移至机构正上方时,作业人员方可用手扶持本体法兰侧面缓慢就位	①钢丝绳、吊带等吊具是否合格。 ②吊装过程中,吊车支腿是否满足安全要求,是否设专人指挥,吊件和吊车臂活动范围内的下方是否有作业人员停留和通过	①带电作业使用非绝缘绳索(如帆纱绳、白棕绳、钢丝绳)。 ②超允许起重量起吊

供电企业作业风险管控要点

表8-12 变电站电气工程-隔离开关安装与调整作业安全预控措施

类别	风险点	风险预控措施	督查重点内容	典型违章
隔离开关安装与调整	高处坠落、机械伤害、物体打击、其他伤害	1. 共性控制措施 ①隔离开关搬运应采取牢固的封车措施，车的行驶速度应小于15km/h，作业人员不可混乘 ②隔离开关开箱时，应防止撬棒等工具砸伤瓷裙，拆下的箱板应及时清理 ③严禁攀爬隔离开关绝缘支柱作业。高处调整宜使用登高车，严禁使用吊篮作业 ④使用电焊机焊接时，外壳必须良好接地，施焊地点周围不得有易燃、易爆物，摆放足够的灭火器 2. 本体安装安全措施 ①吊装过程中设专人指挥，指挥人员应站在能全面观察到整个作业范围及吊车司机和司索人员的位置，任何工作人员发出紧急信号后都必须停止吊装作业 ②起吊箱应缓慢进行，确认无问题后，方可继续起吊 3. 机构箱安装及隔离开关调整 ①支架上的作业人员必须系好安全带，用绳索上、下传递工（器）具 ②作业人员在本体上作业时，严禁电动操作	①钢丝绳、吊带等吊具是否合格 ②吊装过程中，吊车支腿是否满足安全要求，是否设专人指挥，吊车和吊车臂活动范围内的下方是否有作业人员停留和通过	①带电作业使用非绝缘绳索（如船纱绳、白棕绳、钢丝绳） ②单梯距梯顶1米处未设红色限高标志，梯顶、梯脚无防滑措施

224

模块 8　基建现场作业风险管控

表 8-13　变电站电气工程-其他广外设备安装作业安全预控措施

类别	风险点	风险预控措施	督查重点内容	典型违章
互感器、耦合电容器、避雷器安装	机械伤害、物体打击、其他伤害	①设备搬运过程中，应采取牢固的措施封车，车的行驶速度应小于15km/h，始终保证互感器、耦合电容器、避雷器等按说明书要求搬运。②起吊时应缓慢试吊，进行调平并设控制溜绳吊，吊至距地面100毫米左右时应暂停起吊。③起吊过程中，作业人员不得在吊件和吊车臂活动范围内的下方停留和通过。④设备吊到安装位置后，作业人员方可使用梯子进行就位固定	①钢丝绳、吊带等吊具是否合格。②吊装过程中，吊车支腿是否满足安全要求，吊件和吊车臂活动范围内的下方是否有作业人员停留和通过	①带电作业使用非绝缘绳索（如棉纱绳、白棕绳、钢丝绳）。②起吊或牵引过程中，受力钢丝绳周围、上下方，内角侧和起吊物下面有人逗留或通过
干式电抗器安装	机械伤害、高处坠落、物体打击	①搬运过程中，应采取牢固的措施封车，车的行驶速度应小于15km/h，始终保证按说明书要求搬运。②根据干式电抗器的重量配备吊车、吊绳。10吨以上的电抗器吊装应充分考虑吊车荷载，司机并设专人监护，避免倾覆。③起吊时，必须安排有经验的指挥人员，应使用干式电抗器自身标注的专用吊点，不得随意设置吊点，以免损坏器身。④起吊时应缓慢试吊，确认吊具的受力情况及吊车支腿是否平稳	①钢丝绳、吊带等吊具是否合格。②吊装过程中，吊车支腿是否满足安全要求，吊件和吊车臂活动范围内的下方是否有作业人员停留和通过	①带电作业使用非绝缘绳索（如棉纱绳、白棕绳、钢丝绳）。②起吊或牵引过程中，受力钢丝绳周围、上下方，内角侧和起吊物下面有人逗留或通过

续表

类别	风险点	风险预控措施	督查重点内容	典型违章
站用变、消弧线圈、二次设备仓中安装	机械伤害、高处坠落、物体打击	①搬运过程中，应采取牢固的措施封车，车的行驶速度应小于15km/h，始终保证按说明书要求搬运 ②吊装围及吊车应站在能观察到整个作业范围中设专人指挥，指挥人员应站在能观察到整个作业位置，任何工作人员发出紧急信号后都应及时停止吊装作业 ③作业人员不得站在吊件和吊车臂活动范围内的下方 ④吊装物应设溜绳，距就位点的正上方200～300毫米稳定后，作业人员方可进入作业点 ⑤当设备安装在户内时，搬运验收后方可应用；同时，注意保护土建设施 ⑥应按设备说明书要求，从专用吊点处进行吊装	①钢丝绳，吊带等吊具是否合格 ②吊装过程中，吊车支腿是否满足安全要求，是否设专人指挥，吊件和吊车臂活动范围内的下方是否有作业人员停留和通过	①带电作业使用非绝缘绳索（如棉纱绳、白棕绳、钢丝绳） ②起吊或牵引过程中，受力钢丝绳周围、内角侧和起吊物下面有人逗留或通过
其他设备安装（主变中性点设备等）	机械伤害、物体打击	①搬运过程中，应采取牢固的措施封车，车的行驶速度应小于15km/h，始终保证按说明书要求搬运 ②吊装围及吊车应站在能观察到整个作业范围中设专人指挥，指挥人员应站在能观察到整个作业位置，任何工作人员发出紧急信号后都应及时停止吊装作业 ③作业人员不得站在吊件和吊车臂活动范围内的下方 ④应按设备说明书要求，从专用吊点处进行吊装 ⑤图像监控、安防系统等辅助设施：必须熟悉说明书，掌握设备的安装要求。安装调试过程宜由厂家技术人员配合进行	钢丝绳，吊带等吊具是否合格	带电作业使用非绝缘绳索（如棉纱绳、白棕绳、钢丝绳）

表8-14 变电站电气工程-GIS组合电器安装作业安全预控措施

类别	风险点	风险预控措施	督查内容	
			督查重点内容	典型违章
户外GIS就位、安装及充气	爆炸、触电、机械伤害、起重伤害、物体打击、高处坠落	①技术人员应根据GIS的单体重量配备吊车、吊绳、计算出吊绳的长度及夹角，起吊时吊臂伸展长度及吊臂经过有关部门验收合格后方可使用 ②在用吊车把GIS设备主体吊送至室内通道口的过程中，必须设专人指挥 ③户内GIS采用顶棚吊环安装时，钢丝绳穿过吊环，应注意采取可靠防护措施，防止高处坠落事故 ④对接过程，手不要扶在母线筒等位置，可使用撬杠做小距离的移动。采用导引棒使螺栓孔对位时，应特别注意，手不要扶在母线筒等专用工具。套管安装时使用定销缓慢插入，防止挤压发生伤手事故 ⑤起吊套管应采用厂家专用设备 ⑥抽真空应设专用电源，其过程应有专人进行监控 ⑦SF₆气瓶应采用气瓶小车搬运或由两人进行搬运，搬运过程轻抬、轻放，防止压伤手脚	①项目部是否根据GIS的单体重量计算配备吊车、吊绳并计算出吊绳的长度及夹角、吊臂的角度及吊臂伸展长度 ②钢丝绳、吊带等吊装设备是否合格	链条葫芦、手扳葫芦、吊钩式滑车等装置的吊钩和起重作业使用的吊钩无防止脱钩的保险装置

表8-15 变电站电气工程-开关柜（屏）安装作业安全预控措施

类别	风险点	风险预控措施	督查内容	
			督查重点内容	典型违章
开关柜（屏）和端子箱搬运、开关柜及就位	火灾、触电、物体打击、高处坠落、其他伤害	①运输过程中，行走应平稳匀速，速度不宜太快，车速应小于15km/h，应有专人指挥 ②使用吊车时，吊车必须支撑平稳，在起重臂的回转半径内严禁站人或有人经过 不得随意指挥吊车司机 ③开关柜（屏）应从专用吊点起吊 ④开关柜（屏）就位前，作业人员应将就位点周围的孔洞盖严，避免作业人员摔伤 ⑤组立开关柜（屏）或端子箱时，设专人指挥，作业人员必须同心协力，防止开关柜（屏）倾倒伤人 ⑥端子箱安装时，作业人员搬运、作业面附近滑脱挤伤手脚 ⑦动火作业时，应在作业面附近配备消防器材	①开关柜（屏）就位前，就位点周围的孔洞是否盖严 ②动火作业时，是否在作业面附近配备消防器材	①作业岗位或外来施工的动火、登高、吊装等危险作业未经监护人核查即开始实施 ②带电作业使用非绝缘绳索（如棉纱绳、白棕绳、钢丝绳）
蓄电池安装及充放电	触电、物体打击	①施工区周围的孔洞应采取措施遮盖并悬挂警示牌 ②搬运电池时不得触动胶柱和安全阀 ③蓄电池开箱时，撬棍不得利用蓄电池作为支点，防止损毁蓄电池 ④电池应轻拾、轻放，防止伤及手脚 ⑤电池安装过程中及安装完成后，室内禁止烟火，作业场所应配备足量的消防器材 ⑥紧固电极连接作时所用的工具手柄要绝缘	①施工区周围的孔洞是否采取措施遮盖并悬挂警示牌 ②安装或搬运电池时是否戴绝缘手套	①拆除蓄电池连接铜排或绝缘线末使用经绝缘处理的工（器）具 ②未戴护目镜

228

模块 8 基建现场作业风险管控

表 8-16 变电站电气工程-改扩建施工作业安全预控措施

类别	风险点	风险预控措施	督查内容	
			督查重点内容	典型违章
电缆支架、电缆预埋管、电缆槽盒安装	触电、物体打击、高处坠落、其他伤害	1. 共性控制措施 ①电动机械或电动工具必须做到"一机一闸一保护" ②焊接作业时，作业人员必须持证上岗 ③运行区域搬运物件，作业人员应双人进行 2. 电缆支架（桥架、吊架、梯架）安装时 ①进行桥架、吊架（吊架）安装时，应确认预埋件可靠牢固 ②电缆桥架（吊架）安装时，应使用工具袋进行上下工具材料传递，严禁抛掷，防止高空坠物伤及人和设备 ③地面工作人员不得站在可能坠物的电缆桥架（吊架）下方 ④高处作业人员必须系好安全带，地面应设专人监护 ⑤在电缆沟内行走，应注意防止电缆支架棱角划伤身体的措施 3. 电缆预埋管安装作业安全措施 ①使用切割机时应遵守切割机操作规程 ②切断钢管后，应及时处理飞边，防止割伤手脚	动火作业是否满足现场需要	作业岗位或外来施工的动火、登高、吊装等危险作业未经监护人核查即开始实施
电缆搬运、敷设及二次接线	触电、火灾、物体打击、高处坠落、其他伤害	1. 电缆敷设准备作业安全措施 ①工程量配备技术人员应根据电缆盘的重量配备吊车、吊绳、根据电缆盘的重量配备吊车及根据电缆轴的重量选择吊车和钢丝绳套。严禁将钢丝绳直接穿过电缆盘中间孔洞进行吊装 ③卸车时吊车必须支撑平稳。遇紧急情况时，必须设专人指挥，其他作业人员不得随意指挥吊车司机。遇紧急情况时，任何人员有权发出停止作业信号 2. 敷设及接线作业的安全措施 ①电缆敷设均应设专人统一指挥，指挥人员的指挥信号应明确，传达应到位 ②敷设人员戴好安全帽、手套，严禁穿塑料底鞋，必须听从统一口令，用力均匀，协调	①现场安全措施是否到位 ②施工人员是否按照操作规程施工	①起吊过程中，受力钢丝绳周围、内角侧和起吊物下方有人逗留或通过 ②未在工序生产区域内设置本工序安全操作规程

229

续表

类别	风险点	风险预控措施	督查重点内容	督查内容典型违章
110kV及以上高压电缆敷设	触电、物体打击、高处坠落、其他伤害	①牵引器具荷载已经过验算，牵引力满足敷设要求②敷设人员戴好安全帽、手套，严禁穿塑料底鞋，必须听从统一口令，用力均匀、协调③上下电缆沟、竖井，工作井应设置临时通道④电缆展放、敷设过程中，转弯处应设专人监护。电缆通过孔洞和进洞口前，应放慢牵引速度。电缆通过孔洞或楼板时，两侧应设监护人，入口处应采取措施防止电缆被卡，不得伸手、防止被带入孔中⑤用滑轮敷设电缆时，作业人员应站在滑轮前进方向，不得在滑轮滚动时用手搬动滑轮	①施工人员的精神状态是否良好，劳动防护用品、安全工（器）具是否合格配齐②是否正确使用施工机械	①施工配电及照明的电缆线路沿地面明设。电缆线路无避免机械损伤和介质腐蚀的措施。电缆接头处无防水和防触电的措施②施工机械设备转动部分无防护罩或牢固的遮挡措施
110kV及以上高压电缆头制作	物体打击、机械伤害、高处坠落	①使用压接工具前，应检查压接工具型号、模具是否符合所接工作等级的要求②压接工具时，人员要注意头部远离碰伤手脚装卸压接工具时，应防止砸碰伤手脚③进行充油电缆接头安装时，应做好充油电缆接头附件及油压万精的存放等，配备必要的消防器材④搭设平台下应进行电缆头制作高处坠落的措施。在电缆终端装置区域下方应设置围栏或采取其他保护措施，禁止无关人员在作业地点下方通行或逗留⑤进行电缆终端装置瓷质绝缘子表时，在吊装过程中做好相关的安全措施，防止瓷质绝缘子倾斜、缓落	①施工人员的精神状态是否良好，劳动防护用品、安全工（器）具是否合格配齐②是否正确使用施工机械	①施工配电及照明的电缆线路沿地面明设。电缆线路无避免机械损伤和介质腐蚀的措施。电缆接头处无防水和防触电的措施②施工机械设备转动部分无防护罩或牢固的遮挡措施
设备安装	高处坠落、机械伤害、物体打击	①起重作业设置专人指挥，指挥信号明确及时，不得擅自离岗②使用工具袋进行上下工具材料传递，严禁抛掷，防止高空坠物伤及人和设备③安装时加强监护，防止设备碰撞，设备安装要轻起、缓落④严禁攀爬设备绝缘子，使用升降车或梯子上下设备	起重作业是否符合相关规范要求	高处作业所用的工具和材料未放在工具袋内或用绳索挂在牢固的构件上，较大的工具未系保险绳

230

表 8-17 变电站电气工程－电气调试试验作业安全预控措施

类别	风险点	风险预控措施	督查内容	
			督查重点内容	典型违章
一次电气设备交接试验	触电、物体打击、高处坠落、其他伤害	①进入施工现场应使用安全防护用具，正确佩戴安全帽，高处作业时系好安全带，使用有防滑措施的梯子并做好安全监护。设备试验时，应将所要试验的设备与其他相邻设备做好物理隔离措施，避免试验带电回路串至其他设备上，导致人身事故 ②严格遵守相关标准、规范的相关规定，与带电高压设备保持足够的安全距离 ③耐压试验应由专人指挥，设置安全围栏、围网，向外悬挂"止步，高压危险！"的警示牌，试验过程设专人监护，严禁非作业人员进入 ④高压试验设备的外壳必须可靠接地，一次设备未屏要可靠接地，接地线应使用截面积不小于4平方毫米的多股软裸铜线，严禁接在自来水管、暖气管及铁轨上。高压试验时，高压引线的接地竿固并尽量缩短，不可过长，引线用绝缘支架固定	①试验作业前，是否设置安全隔离区域，是否向外悬挂"止步，高压危险！"的警示牌，是否设专人监护，是否严禁非作业人员进入 ②试验设备和被试设备接地是否可靠，试验前后是否对被试品充分放电	①高压带电作业未穿戴绝缘手套等绝缘防护用具 ②高压带电接引线或带电断、接空载线路时未戴护目镜

231

表8-18 架空线路工程——般土石方开挖作业安全预控措施

类别	风险点	风险预控措施	督查内容	
			督查重点内容	典型违章
土石方人工开挖	坍塌、机械伤害、高处坠落、物体打击	①一般土质条件下，弃土堆底至基坑顶边距离不小于1米，弃土堆高不大于1.5米；垂直坑壁条件下，弃土堆底至基坑顶边距离不小于3米。不得在软土场地的基坑边堆土 ②土方开挖过程中，必须观测基坑同边土质是否存在裂缝及渗水等异常情况，适时进行监测 ③规范设置供作业人员上下基坑的安全通道（梯子），基坑边缘按规范要求设置安全护栏 ④挖土区域设置警戒线，各种机械、车辆严禁在开挖的基础边缘2米内行驶、停放	①堆土高度是否符合相关规范的要求 ②作业人员上下基坑的安全通道（梯子）是否满足要求。基坑边缘是否按规范要求设置安全护栏	①堆土距坑边1米以内，堆土高度超过1.5米 ②夜间作业时，孔洞、临边的防护栏杆未悬挂警示灯
机械开挖	坍塌、机械伤害	①机械作业前，操作人员应接受施工任务和安全技术措施交底 ②挖机开挖要选好机械位置，进行可靠支垫，有防止向坑内倾倒的措施 ③严禁在伸臂及挖斗作业半径内通过或逗留 ④严禁人员进入斗内。不得利用挖斗递送物件 ⑤暂停作业时，应将挖斗放至地面 ⑥暂停作业时，将旋挖钻杆开放到地面	①机械作业时，基坑内是否有人同时作业 ②机械作业时是否有专人指挥	①挖掘机开挖基坑时，在同一基坑内有作业人员同时作业。利用挖斗递送物件 ②夜间作业时，孔洞、临边的防护栏杆未悬挂警示灯

模块 8 基建现场作业风险管控

表 8-19 架空线路工程－钢筋工程作业安全预控措施

类别	风险点	风险预控措施	督查内容 督查重点内容	督查内容 典型违章
钢筋加工	触电、火灾、爆炸、机械伤害、物体打击	①钢筋作业场地应宽敞、平坦并搭设作业棚。钢筋按规格、品种分类，设置明显标识，整齐堆放，现场配备消防器材 ②钢筋加工机械设施安装稳固，机械的安全防护装置齐全有效，设有完好的防护罩 ③机械设备的控制开关应安装在操作人员附近并保证电气绝缘性能可靠，接地措施可靠 ④切断长度小于 400 毫米的钢筋必须用钳子夹牢且钳柄不得短于 500 毫米，严禁直接用手把持 ⑤从事焊接或切割的操作人员应正确使用安全防护用品、用具 ⑥进行焊接或切割工作时，应有防止触电、爆炸和防止金属飞溅引起火灾的措施，应防止灼伤 ⑦焊接与切割时宜设挡光屏 ⑧进行焊接或切割工作场所应有良好的照明设施，在人员密集的场所进行焊接工作时必须采取防护措施 ⑨进行焊接切割工作，必须经常检查并注意工作地点周围的安全状态，有危及安全的情况时必须采取防护措施	①钢筋加工机械设施是否安装稳固，安全防护装置是否齐全，传动部分的防护罩是否完好 ②焊接或切割操作人员使用是否正确使用安全防护用品、用具	①机器的传动部分未装有完好的防护罩或其他防护设备（如栅栏），露出的轴端未有护盖 ②在储存或加工易燃及易爆物品的场所周围 10 米范围内进行焊接或切割作业
钢筋绑扎安装作业	窒息、高处坠落、物体打击	①施工人员正确使用个人安全防护用品。严禁穿短袖、短裤、拖鞋进行作业 ②在孔内上下递送工具物品时，严禁抛掷，严防孔口的物件落入桩孔内 ③在下钢筋笼时应注意设置、控制钢筋入式插入式角钢固定支架，支架牢固可靠	施工人员使用个人安全防护用品是否正确使用个人安全防护用品	作业人员未正确使用安全工（器）具和个人安全防护用品

233

续表

类别	风险点	风险预控措施	督查重点内容	典型违章
高度在2米到8米或跨度在10米及以上的模板的安装和支护	坍塌、物体打击	①作业人员上下基坑时有可靠的扶梯，不得相互拉拽，攀登挡土板支撑上下。作业人员不得在基坑内休息。②坑内1米内禁止堆放材料和杂物。坑内使用的材料、工具禁止上下抛掷。③人力安装模板构件，用抱杆吊装和绳索溜放，不得直接将其翻入坑内。④模板的支撑牢固并对称布置，高出坑口的加固立柱模板有防止倾覆的措施。模板采用木方加固时，绑扎后处理铁丝末端。⑤作业人员在支架子上进行搭设作业时，不得单人进行装设较重构（配）件的工作或从事其他易发生失衡、脱手、碰撞、滑跌等不安全的作业。⑥支撑架搭设区域地基回填土必须夯实，对于出入基坑处，设置长明警示灯。⑦夜间施工时，施工照明充足，不得存在暗角、防水措施。所有灯具有防雨、防水措施	是否有模板安装技术措施及措施是否完善	①挖掘施工区域未设围栏、安全标示牌。挖掘施工区域的距离小于0.8米 ②拆模板的顺序错误
混凝土浇筑作业	触电、火灾、中毒、窒息、物体打击、高处坠落、机械伤害、其他伤害	①作业人员上下基坑时有可靠的扶梯，作业人员不得在基坑内休息。②施工人员正确使用个人安全防护用品。③浇筑混凝土平台和搭设施符合要求，平台设护栏。④大坑口基础浇筑时，搭设的跳板材质和搭设牢固可靠，平台横梁加撑杆。⑤发电机、搅拌机、振动棒等单独设开关或插座并装设剩余电流动作保护器（漏电保护器），金属外壳接地，搅拌机、振捣器电源架空地可靠。⑥机电设备使用前进行全面检查，确认机电装置完整、绝缘良好、接地可靠。⑦施工中应经常检查脚手架或作业平台、基坑边坡、安全防护设施等防护。⑧电动振捣器操作人员戴绝缘手套、穿绝缘靴，在高处作业时设专人监护。移动振捣器或暂停作业时，先关闭电动机，再切断电源，相邻的电源线严禁缠绕交叉	①作业人员的精神状态是否良好。作业现场的安全操作规程是否完善 ②安全工（器）具、施工（器）具、机具是否正确使用	电动机具的金属外壳未接地

234

模块 8　基建现场作业风险管控

表 8-20　架空线路工程-接地工程作业安全预控措施

类别	风险点	风险预控措施	督查内容	
			督查重点内容	典型违章
开掘、敷设和焊接、回填	火灾、物体打击、其他伤害	①开挖接地沟时，防止土石回落伤人 ②挖掘机开挖接地沟时，应避让作业点周围的障碍物，禁止人员在伸臂及挖斗下方通过或逗留。不得利用挖斗递送物件。暂停作业时，应将挖斗下放到地面 ③进行焊接时，操作人员应穿戴符合专业防护要求的劳动保护用品。衣着不得敞领、卷袖 ④作业前，操作人员应对设备的安全性和可靠性及个人防护用品、操作环境进行检查 ⑤在进行焊接操作的地方应配置适宜、足够的灭火设备 ⑥敷设钢筋时要固定好钢筋两端，防止回弹伤人 ⑦接地焊接结束及时对接地沟回填	①开挖时，注意周围堆土和地沟的距离是否满足相关规范的要求 ②进行焊接等作业时，作业人员是否穿戴安全防护用品，安全防护措施是否到位	①进行基坑开挖工作时，堆土未距坑边 1 米以外，高度超过 1.5 米。除挖桩基础外，不用挡土板挖坑时，坑壁未根据地质情况留有适当坡度 ②进行焊割作业时，操作人员未穿戴专用工作服，防护手套等专用用品，防护劳动保护用品。观察电弧时，作业人员及辅助人员未佩戴眼睛保护装置

235

表8-21 架空线路工程-角钢塔（钢管塔）施工作业安全预控措施

类别	风险点	风险预控措施	督查内容	
			督查重点内容	典型违章
整体立杆（塔）施工	机械伤害、物体打击、其他伤害	①杆（塔）地面组装场地应平整，应采取防止滚动的措施 ②塔材组装连接时，应用尖头扳手找孔，如孔距相差较大，组装管形构件时，构件间未连接应对照图纸核对作号，不得强行敲击螺栓。构件连接手指伸入螺栓孔时，严禁将手指伸入螺栓孔找正 ③两侧临时拉线横线路方向布置，前后临时拉线顺线路布置，拉线可与制动系统合用一个地锚 ④牵引动力地锚绳套引地锚距离总牵引地锚远方8~10米，与线路中心线成夹角100度左右 ⑤地锚埋设地锚绳套引出位置应开挖马道，马道受力方向应一致，采用角铁桩、钢管桩等地锚时，一组地锚上应控制一根拉绳	①牵引机动力地锚是否达到要求 ②杆（塔）地面组装时是否满足组装要求，是否注意组装要点	拉线、地锚索道投入使用前未开展验收工作。组塔架设地脚螺栓未对地验收不合格，未整改即投入使用
流动式起重机立塔（塔高60米及以下）	机械伤害、物体打击、高处坠落	①作业负责人站班会上通过读票方式进行安全交底并随机抽取3~5名施工人员提问，回答清楚后开始作业 ②作业过程中，作业负责人、监理人员按照作业流程逐项确认风险管控专项措施落实 ③起重机作业位置的安全标志，附近的障碍物清除。起重作业人员按规定进入 ④起重机区域并设置相应的安全标志，作业地面夯实并垫木，车身调整水平、沟、涵洞、桥面、地下管线、地下沟、支腿与沟、坑边缘的距离不得小于沟、坑深度的1.2倍，支腿稳固、支腿垫铁板不得承载易损构筑物。车轮、支腿应远离地下井、支腿操作阀，调整支腿操作阀，作业中，禁止搬动支腿操作阀 ⑤指挥人员看不清作业地点或操作人员看不清指挥信号时，均不得进行起吊作业	①进场的起重机型号与施工方案的要求是否一致，设备外观是否良好，部件是否齐全 ②钢丝绳是否有断股、吊钩是否有磨损、枕木是否符合要求	特种设备作业人员，特种作业人员依法取得资格证书

236

续表

类别	风险点	风险预控措施	督查内容	
			督查重点内容	典型违章
流动式起重机立塔（塔高60米以上）	机械伤害、物体打击、高处坠落	①作业负责人站班会上通过读票方式进行安全交底并随机抽取3～5名施工人员提问，回答清楚后开始作业 ②作业过程中，作业负责人、监理人员按照作业流程逐项确认风险管控专项措施落实 ③起重机作业位置的地基稳固，附近的障碍物清除。起重作业中，作业区域内设置相应的安全标志，禁止无关人员进入 ④起重机支腿全部伸出，支腿位置地面夯实并加垫木，车身调整水平、整车重量由支腿承担，车轮不得承担重量。支腿应远离地下井、管沟、涵洞、地下管线、桥面，挡土墙等易损构筑物。车轮、支腿与沟、坑边缘的距离不得小于沟、坑深度的1.2倍，支腿稳固。作业中，禁止搬动支腿操作阀，调整支腿应在无荷载时进行 ⑤指挥人员看不清作业地点或操作人员看不清指挥信号时，起重臂下和重物下方禁止有人逗留或通过 ⑥起重臂及吊件下方禁止有人逗留或通过 ⑦起吊物体特别光滑的部位时，吊钩应有防止脱钩的保险装置。若物体有棱角或表面特别光滑时，在棱角和滑面（吊带）接触处加以包垫。起重吊钩应挂在物件的重心线上。吊索（千斤绳）的夹角一般不大于90度，最大不得超过120度	①进场的起重机型号与施工方案的要求是否一致 ②设备外观是否良好，部件是否齐全。钢丝断股，吊钩有断丝断股，吊钩是否有磨损。枕木是否符合要求	项目部未建立特种设备安全技术档案

237

表8-22 架空线路工程-临近带电体组立塔作业安全预控措施

类别	风险点	风险预控措施	督查内容	
			督查重点内容	典型违章
临近带电体组立（杆）塔	触电、高处坠落、机械伤害、物体打击	①初步勘察后，编制《风险识别、评估清册》、评估清册（危、大工程一览表）》时，应将本工程所有临近带电作业的杆（塔）位置与带电体的距离等级《风险识别、评估清册（危、大工程一览表）》，以此评估风险等级 ②临近带电体附近组塔时，施工方案经过专家论证，审查并批准，施工技术负责人在场指导 ③使用起重机组塔时，起重机应接地良好，车身应使用横截面不小于16平方毫米的铜线可靠接地 ④作业人员及施工，牵引绳索和拉线等必须满足与带电体安全距离规定的要求。如不能满足要求的安全距离时，应按照带电作业工作或停电进行作业	①临近带电体作业的安全技术措施是否完备 ②是否根据初步勘察结果对作业风险进行了评估	在变电站内使用起重机械时，未可靠接地

模块 8　基建现场作业风险管控

表 8-23　架空线路工程-跨越公路、铁路、航道作业安全预控措施

类别	风险点	风险预控措施	督查重点内容	典型违章
一般跨越架搭设和拆除（全高18米以下）	倒塌、触电、高处坠落、物体打击、公路通行中断	①搭设跨越架，事先与被跨越设施的单位取得联系，必要时请其派员监督、检查。②钢管架应有防雷接地措施，整个架体应从立杆根部引设两处（对角）防雷接地。③跨越架的立杆应垂直，埋深不得小于0.3米，松土等处跨越架的支杆埋深不得小于0.5米，水田、松土等处设置扫地杆。跨越架强度应足够，能够承受牵张过程中断线的冲击力。④跨越架横相中心设置在新架线路中心线上，导线的中心垂直投影上。⑤跨越架的中心应设置在线路中心线（极）导线的中心垂直投影或导地线风偏后超出新建线路两边线各2.0米，架顶两侧应设外伸羊角	①钢管架是否满足防雷接地要求。②跨越架立杆、支杆是否满足相关规范规定的要求。跨越架搭设完毕是否设置临时拉线，是否及时放置安全警示标志	跨越带电线路展放导线作业，跨越架封网等安全措施均未采取
一般跨越架搭设和拆除（全高18米及以上至24米以下）	倒塌、触电、高处坠落、物体打击、公路通行中断	①钢管架应有防雷接地措施，整个架体应从立杆根部引设两处（对角）防雷接地。②跨越架的立杆应垂直，埋深不得小于0.3米，水田、松土等处跨越架的支杆埋深不得小于0.5米。跨越架两端及每间隔6~7根立杆架设剪刀撑杆，支杆或拉线，确保跨越架整体结构的稳定，跨越架强度应足够，能够承受牵张过程中断线的冲击力。③跨越架搭设完毕必须经验收合格后方可使用，拉线与地面夹角不得大于60度。跨越架悬挂醒目的安全警告标志，在公路前方距跨越架适当距离设置警示牌。跨越公路严禁将跨越架整体推倒。④拆除跨越架时应自上而下逐根进行，严禁抛扔，不得抛掷，严禁将跨越架整体推倒。⑤跨越架和操作人员及工（器）具严禁在跨越架内侧攀登或下滑，严禁从封顶架上通过	①钢管架是否满足防雷接地要求。②跨越架立杆、支杆是否满足相关规范规定的要求。跨越架搭设完毕是否设置临时拉线，是否及时放置安全警示标志。③跨越架及作人员及工（器）具与带电体之间的最小安全距离是否满足相关规范的要求	跨越架未经验收合格即投入使用

239

续表

类别	风险点	风险预控措施	督查内容	
			督查重点内容	典型违章
一般跨越架搭设和拆除（全高24米及以上）	倒塌、触电、高处坠落、物体打击、公路通行中断	①搭设跨越架，应事先与被跨越设施的产权单位取得联系，必要时应请其派员监督、检查 ②钢管架应有防雷接地措施，整个架体应从立杆根部引设两处（对角）防雷接地 ③跨越架的立杆应垂直，埋深不应小于0.5米，水田、松土等处搭跨越架应设置扫地杆。跨越架的支杆埋深不得小于0.3米，水田、松土等处设剪刀撑杆、支杆或地杆。跨越架两端及每隔6~7根立杆应设剪刀撑杆，支杆打临时拉线，确保跨越架整体结构的稳定，跨越架架塔度应足够，能够承受牵张过程中断线的冲击力 ④跨越架搭设完毕必须经验收合格后方可使用，拉线与地面夹角不得大于60度。跨越架搭设完毕验收应打临时拉线，跨越架悬挂醒目的安全警告标示，夜间警示装置提示标志牌。跨越公路的架设，在公路前方距跨越架适当距离设置提示标志 ⑤拆跨越架时应自上而下逐根进行，架片、架杆应有人传递或使用绳索吊送，不得抛扔，严禁将跨越架整体推倒 ⑥跨越架和操作人员及工（器）具与带电体之间应符合相关规范的规定。施工人员严禁在跨越架内侧攀登或作业，严禁从封顶架上通过	①钢管架是否满足防雷接地要求 ②跨越架立杆、支杆是否符合规范要求，相关规范搭设完毕，跨越架搭临时拉线，是否及时放置安全警示标志 ③跨越架和操作人员及工（器）具与带电体之间的最小安全距离是否满足相关规范的要求	交叉跨越公路放线、撤线时，未采取封路、看守等安全措施

240

模块 8　基建现场作业风险管控

续表

类别	风险点	风险预控措施	督查内容	
			督查重点内容	典型违章
无跨越架封网（使用防护网）	停航、淹溺、高处坠落	①施工前应向被跨越管理部门申请跨越施工许可证，办理相关手续。②架设及拆除防护网及承载索必须在晴好天气进行，所有绳索、拖网绳、绝缘绳、导引绳进行绝缘性能测试且测试应合格，干燥状态。③编制专项施工方案，施工单位还需组织专家进行论证、审查工作，严格按批准的专项施工方案执行作业流程。④防护网搭设至拆除时段内全过程必须设专人看护。⑤架线施工前必须对铁塔塔脚螺栓、地脚曝栓安装紧固情况进行复查。关键部位塔材不得缺失。⑥未完成附件安装工作，不得拆除防护网	①相关施工许可证办理情况是否满足开工要求。②防护网搭设是否全程有专人看护，周围是否放置必要的安全警示标志。③防护网拆除时，施工进度是否满足拆除条件	放线区段有跨越、平行输电线路时，导引绳或牵引绳未采取接地措施
跨越架二级及以上公路封网、拆网	倒塌、物体打击、公路通行中断	①严格按批准的施工方案执行，专业队伍施工。②搭设跨越架，事先与被跨越设施的单位取得联系。③跨越架设置倾覆措施，跨越公路的跨越架悬挂醒目的安全警告标志，夜间警示装置和验收标志。跨越公路前方距跨越架适当距离设置提示标志。④跨越架两端铁塔的附件安装必须进行二道防护，采取有效接地措施	①分包单位资质是否满足相应要求。②跨越架两端铁塔的附件安装是否有二道防护。③现场重点部位安全警示标志设置和进出口（提示）标志	施工现场供电线路与在建工程、临时建筑等保持的安全距离不足

241

续表

类别	风险点	风险预控措施	督查内容	
			督查重点内容	典型违章
跨越高速公路封网、拆网	倒塌、高处坠落、物体打击、公路通行中断	①编制专项施工方案，施工单位还需组织专家进行论证，严格按批准的施工方案执行作业流程 ②塔设跨越架，配合组织跨越施工监督、检查 ③跨越架整体结构应稳定。跨越或跑线的冲击力，断线跨越架构应稳定，跨越架强度应足够，能够承受牵张过程中断线或跑线的冲击力 ④跨越架和验收设置防倾覆措施。跨越公路的跨越架，在高速公路前方跨越架适当距离处设置警示牌。跨越架悬挂醒目的安全警告标志，夜间警示装置和验收标志牌 ⑤跨越架两端架铁塔的附件安装必须进行二道防护，采取有效接地措施 ⑥跨越架横担中心设置在新架线路每相（极）导线中心的中心垂直投影上	①专项施工方案是否进行过专家论证并进行过编制审批流程 ②跨越架两端安装是否有二道防护。跨越架的搭设是否满足要求	跨越架未经验收合格即投入使用
跨越铁路封网、拆网	倒塌、触电、列车停运、高处坠落	①编制专项施工方案，施工单位还需组织专家进行论证，严格按批准的施工方案执行作业流程 ②塔设跨越架。跨越架整体结构应稳定，跨越架强度应足够，能够承受牵张过程中断线或跑线的冲击力 ③跨越架和验收设置防倾覆措施。跨越架悬挂醒目的安全警告标志，夜间警示装置和验收标志牌 ④跨越架两端铁塔的附件安装必须进行二道防护，采取有效接地措施 ⑤架设及拆除防护网及承载索必须在晴好天气进行，所有绳索应保持干净、干燥状态。施工前，应对承载索、拖网绳、绝缘网、导引绳进行绝缘性能测试，不合格者不得使用	①专项施工方案是否进行过专家论证并进行过编制审批流程 ②跨越架两端安装是否有二道防护。跨越架的搭设是否满足要求	项目监理未审查施工单位报送的大中型起重机械、跨越架、脚手架、施工用电、危险品库房等重要施工设施投入使用前的安全检查签证申请，未组织进行安全检查签证工作

模块 8 基建现场作业风险管控

表 8-24 架空线路工程-跨越（或同塔）架设电力线作业安全预控措施

类别	风险点	风险预控措施	督查内容	
			督查重点内容	典型违章
跨越 66kV 以下带电线路作业	触电、高处坠落、电网事故、物体打击	①编制施工方案，跨越架应有受力计算，跨越架强度应够，能够承受牵张过程中断线的冲击力 ②跨越带电线路"退出重合闸"，在架线施工前，施工单位应向运维单位书面申请该带电线路发生故障跳闸时，在未取得现场指挥同意不停电跨越施工。施工期间发生故障跳闸时，在未取得现场指挥同意前不得强行送电 ③遇雷电、雨、雪、霜、雾，相对湿度大于 85%或 5 级以上大风天气时，严禁进行不停电跨越作业 ④安全监护人必须到岗履职，防止操作人员误登带电侧 ⑤施工使用各类绳索，尾端应采取固定措施，防止滑落、飘移至带电体 ⑥号引绳通过跨越架必须使用绝缘绳做控制尾绳。架线过程中，不停电跨越位置处，跨越架两端铁塔应配备通信工具畅通 引绳或封网绳等必须使用绝缘绳做引绳，监护人应设专人监护，与现场指挥人的联系畅通	①施工方案中是否有跨越架受力计算说明且其强度是否满足要求 ②现场安全技术措施是否完备，安全监护人是否到岗履职，人员是否在风险预控措施中不允许的地方出现	跨越带电线路展放导（地）线作业，跨越架、封顶网等安全措施均未采取
跨越 66kV 及以上带电线路作业	触电、高处坠落、电网事故、物体打击	①编制施工方案，跨越架应有受力计算，跨越架强度应够，能够承受牵张过程中断线的冲击力 ②跨越带电线路"退出重合闸"，在架线施工前，施工单位应向运维单位书面申请该带电线路发生故障跳闸时，在未取得现场指挥同意不停电跨越施工。施工期间发生故障跳闸时，在未取得现场指挥同意前不得强行送电 ③安全监护人必须到岗履职，防止操作人员误登带电侧 ④施工使用各类绳索，尾端应采取固定措施，防止滑落、飘移至带电体 ⑤号引绳通过跨越架等必须使用绝缘绳做控制尾绳。架线过程中，不停电跨越位置处，跨越架两端铁塔应配备通信工具畅通 引绳或封网绳等必须使用绝缘绳做引绳，监护人应设专人监护，跨越架两端铁塔与现场指挥人的联系畅通	①施工方案中是否有跨越架受力计算说明且其强度是否满足要求 ②现场安全技术措施是否完备，安全监护人是否到岗履职，人员是否在风险预控措施中不允许的地方出现	跨越架的中心未在线路中心线上。架顶两侧未设外伸羊角

243

供电企业作业风险管控要点

表8-25 架空线路工程－绝缘子挂设作业安全预控措施

类别	风险点	风险预控措施	督查内容	
			督查重点内容	典型违章
挂绝缘子及放线滑车	高处坠落、机械伤害、物体打击	①绝缘子串及滑车的吊装必须使用专用卡具 ②放线滑车使用前应进行外观检查。带有开门装置的放线滑车，应关门保险 ③吊挂绝缘子串前，应检查绝缘子串弹簧销是否齐全、到位 ④转角杆（塔）防倾倒措施和导线上扬处的压线措施应可靠 ⑤放线滑车悬挂，应根据计算对导引绳、牵引绳和导线上扬严重程度做出判断，选择悬挂方法及挂具规格	①放线滑车是否完好、是否有关门保险。放线滑车是否悬挂正确，防倾倒措施、预倾倒措施和导线上扬处的压线措施是否可靠 ②绝缘子串弹簧销是否齐全、到位	完工后，工具、材料等遗留在线路设备上

244

模块 8 基建现场作业风险管控

表 8-26 架空线路工程-导地线展放作业安全预控措施

类别	风险点	风险预控措施	督查内容	
			督查重点内容	典型违章
导地线展放	坠机、火灾、触电、高处坠落、物体打击、机械伤害、起重伤害、其他伤害	①抗弯连接器、旋转连接器的规格要符合技术要求。使用前，检查外观，外观应完好无损，转动灵活无卡阻负荷现象。禁止超负荷使用 ②导引绳、牵引绳有裂纹、变形、磨损严重或连接件拆卸不灵活时禁止使用 ③牵引设备锚固可靠接地。张力机设置单独接地，牵引机必须单独使用接地，避雷线必须使用接地滑车进行可靠接地 ④张力机、牵引机的检查应在做运转试验 ⑤收操进行全面的检查上应注明坑深尺寸。地锚埋设前，派专人测尺检查，深度足够，挖好马道，回填夯实 ⑥地锚桩回填时受力方向一致并埋设可靠 ⑦各种锚桩布置，覆盖防雨布并设有排水沟或截水沟 ⑧抗弯连接器、旋转连接器、连接器转动不灵活、使用前应由专人检查，连接器应符合使用要求	①连接器是否符合技术要求，外观，转动是否良好 ②张力机、牵引机是否符合使用要求	①安全带、后备绳、缓冲器、攀登自锁器等安全工器）具的连接扣扣体未锁好 ②使用金具 U 型环代替卸扣，用普通材料的螺栓取代卸扣的销轴

245

续表

类别	风险点	风险预控措施	督查重点内容	典型违章
导地线展放（内含二级风险跨越）	坠机、火灾、触电、高处坠落、物体打击、机械伤害、其他伤害	①抗弯连接器、旋转连接器的规格要符合技术要求。使用前，检查外观、外观应完好灵活无卡阻现象。禁止超负荷使用 ②牵引装置布置在线路中心线上，顺线路布置。各转向滑车的荷载应均衡，不得超过其允许承载力 ③牵引设备锚固应可靠。牵引机设置单独接地，牵引绳必需使用接地滑车进行可靠接地。张力机设置单独接地。避雷线必须使用接地滑车进行可靠接地 ④运行时，牵引机、张力机进出口前方不得有人通过。各转向滑车围成的区域内侧禁止有人 ⑤紧线作业区间两端装设接地线。施工的线路上有高压感应电时，在作业点两侧加装工作接地线 ⑥张力机应使用枕木垫平、支稳，两点锚固 ⑦各种锚桩应按技术要求布设，其规格和埋深应根据土质经受力计算而确定 ⑧地锚布置与受力方向一致并埋设可靠 ⑨各种锚桩回填时有防沉措施，覆盖防雨并设有排水沟或截水沟 ⑩抗弯连接器、旋转连接器、连接器专人检查，牵引绳的端头连接线蛇皮套在使用前严禁使用。张力机转动不灵连接线蛇皮损伤及销子变形等严禁使用 ⑪起重作业前应进行安全技术交底，使全体人员熟悉起重搬运方案和安全措施 ⑫操作人员应按规定的起重性能作业，禁止超载	①连接器是否符合技术要求，外观、转动机、牵引机是否张力机、是否符合使用要求 ②地锚布置及锚桩回填是否符合要求	受力工具（器具、抱杆连接螺栓、卸扣等）以代大或超负荷使用

246

模块 8 基建现场作业风险管控

表 8-27 架空线路工程－紧线、挂线作业安全预控措施

类别	风险点	风险预控措施	督查内容	
			督查重点内容	典型违章
紧线、挂线作业	触电、机械伤害、高处坠落、物体打击、起重伤害、其他伤害	①平衡挂线时，安全绳或速差自控器必须拴挂在横担主材上 ②锚线工（器）具应开断互相独立且规格符合受力要求，铁塔横担应平衡受力，二道保险绳应拴在断线点两端事先用绳索绑牢，割断后应通过滑车将导线松落至地面 ③待割险绳应拴在铁塔横担处 ④高处断线时，作业人员不得站在落线滑车上操作。割断最后一根导线时，应注意防止滑车失稳晃动 ⑤割断后的导线应在当天接线完毕，不得在高处临锚过夜 ⑥平衡挂线时，不得在同一相邻耐张段的同相（极）导线上进行其他作业 ⑦压接前应检查起吊液压机的绳索和起吊滑轮是否完好，位置是否设置合理，是否方便操作 ⑧高处作业人员应做好高处施工安全措施，对压接工（器）具及材料应做好防高处坠落措施 ⑨液压泵操作人员与压钳操作人员密切配合并注意压力指示，不得过载	①平衡挂线时，安全绳或速差自控器是否拴在横担主材上 ②高处作业人员是否站在放线滑车上操作。高处作业人员是否做好安全防护措施	高空压接时，液压机升空后未做好悬吊措施，未设置二道保护措施

247

续表

类别	风险点	风险预控措施	督查重点内容	典型违章
紧线、挂线作业（内含二级风险跨越）	触电、机械伤害、高处坠落、物体打击、起重伤害、其他伤害	①平衡挂线时，安全绳或速差自控器必须拴在横担主材上 ②锚线工（器）具规格应逐根、逐相互独立且规格符合受力要求，铁塔横担应平衡受力，导线开断应逐根、逐相两侧应平衡进行，高空锚线应有二道保护措施。③待割断的导线应在断线点两端事先用绳索绑牢，割断后应通过滑车将导线松落至地面 ④高处断线时，作业人员不得站在放线滑车上操作。割断最后一根导线时，应注意防止滑车失稳晃动 ⑤割断后的导线应在当天挂接完毕，不得高处临锚过夜 ⑥平衡挂线时，不得在同一相邻导线的同相（极）导线上进行其他作业 ⑦压接前应检查起吊液压机的绳索和起吊滑轮是否完好，对压接工（器）具及材料应做好防高处坠落措施 ⑧高处作业人员应做好使用压控绳，禁止直接用人力压线 ⑨开空作业应使用压线装置 ⑩压线滑车应设控制绳，压线钢丝绳回松应缓慢 ⑪前、后过轮临锚布置导线必须从悬垂线夹中脱出翻入放线滑车中，不得以线夹头代替滑车	①平衡挂线时，安全绳或速差自控器是否拴在横担主材上 ②高处站在放线滑车上操作	平衡挂线时，在同一相邻耐张段的同相导线上进行其他作业

248

表 8-28 架空线路工程-杆（塔）附件安装作业安全预控措施

类别	风险点	风险预控措施	督查内容	
			督查重点内容	典型违章
附件安装	触电、机械伤害、高处坠落、物体打击	①高处作业所用的工具和材料应放在工具袋内或用绳索绑牢；上下传递物件应用绳索吊送，严禁抛掷 ②附件安装时，安全绳或速差自控器必须拴在横担主材上 ③高处作业人员应做好防高处坠落措施 ④安装做好安全带挂在一根子导线上，后备保护绳挂在整相导线上 ⑤在带电线路上方的导线上安装或测量间隔棒距离时，上下传递物件或测量时使用带有金属丝的测绳、皮尺 ⑥相邻杆（塔）不得在同相时同相（极）位安装附件	①材料、工（器）具是否使用工具袋或绳索绑牢 ②高处做好安全措施，对工（器）具及材料是否做好安全挂在同相邻杆（塔）是否同时在同相（极）位安装附件	①邻近带电线路作业时未用绝缘绳索传递物件，较大的工具未用绳索拴在牢固的构件上 ②高空抛物
附件安装（内含二级风险、跨越）	机械伤害、高处坠落、物体打击、触电	①高处作业所用的工具和材料应放在工具袋内或用绳索绑牢；上下传递物件应用绳索吊送，严禁抛掷 ②附件安装时，安全绳或速差自控器必须拴在横担主材上 ③高处作业人员应做好防高处坠落措施 ④安装做好安全带挂在一根子导线上，后备保护绳挂在整相导线上 ⑤在带电线路上方的导线上安装或测量间隔棒距离时，上下传递物件或测量时使用带有金属丝的测绳、皮尺 ⑥相邻杆（塔）不得在同相时同相（极）位安装附件	①材料、工（器）具是否使用工具袋或绳索绑牢 ②高处做好安全措施，对工（器）具及材料是否做好安全挂在同相邻杆（塔）是否同时在同相（极）位安装附件	①附件安装时，安全绳或速差自控器未在横担主材上 ②安装时，未使用安全绳或者后备保护绳未拴在整相导线上

表 8-29 架空线路工程-中间验收作业安全预控措施

类别	风险点	风险预控措施	督查内容	
			督查重点内容	典型违章
杆（塔）架线验收及消缺	触电、物体打击、高处坠落	①高处作业人员携带的力矩扳手应用绳索拴牢，套筒等工具应放在工具袋内。杆（塔）接地装置应着衣灵便，衣袖、裤脚应扎紧，穿软底防滑鞋，正确使用全方位防冲击安全带 ③高处作业人员上下杆（塔）必须沿脚钉或爬梯攀登，水平移动时不应失去保护 ④临近带电体作业，工（器）具传递绳使用干燥的绝缘绳 ⑤在霜冻、雨雪后进行高处作业，配备防冻、防滑设施 ⑥根据施工范围和作业需要，每个作业点设监护人，监护人熟悉监护内容和作业要求。多日连续作业，班组负责人坚持每天检查，确认安全措施，告知作业人员安全注意事项，此后方可开展当天作业 ⑦遇雷、雨、大风等情况威胁到人员和设备的安全时，班组负责人或专责监护人应下令停止作业 ⑧检查杆（塔）永久接地是否可靠连接 ⑨线路两端及中间保留临时接地线并做好记录，正式投运前方可拆除	①高处作业人员的安全措施是否到位。杆（塔）接地装置是否连接可靠 ②特殊天气后，作业安全措施是否满足作业要求 ③作业人员精神状态是否满足当日工作要求 ④工作票是否填写正确	①附件安装时，安全绳或自控器或速差自控装置未在横担主材上 ②安装间隔棒后，未使用安全带或者后备保护绳未拴在整相导线上 ③用绳绕的方法进行接地或短路，接地线不使用专用的线夹
线路参数测量	触电、高处坠落	①装、拆试验接线应在接地保护范围内，戴绝缘手套，穿绝缘鞋 ②在绝缘垫上加压操作，悬挂接地线应使用绝缘杆 ③与带电设备保持足够的安全距离 ④更换试验接线前，应对测试设备充分放电 ⑤参数测量前，应对被测线路充分放电 ⑥应使用两端装有防滑措施的梯子。单梯工作时，梯子与地面的夹角不小于65度且不大于75度，应有专人扶持 ⑦高处作业应正确使用安全带，作业人员在移作业位置时不准失去安全保护	①作业时，作业人员的安全防护措施是否到位。高处作业人员是否按照相关安全规范进行作业 ②与带电设备安全距离是否满足要求。测试设备是否充分放电	单梯距梯顶1米处未设红色限高标志、梯顶、梯脚无防滑措施